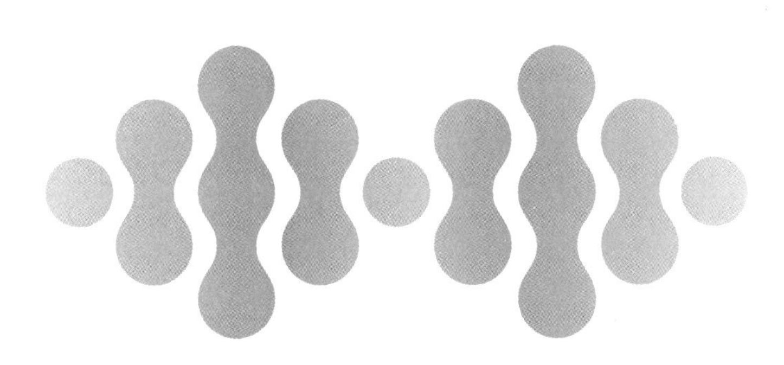

融媒体影视系列教材

融媒体声音艺术与制作

The Art and Craft of Audio Production in Converging Media

花晖 著

上海交通大学出版社
SHANGHAI JIAO TONG UNIVERSITY PRESS

内容提要

本书牢牢把握融媒体背景下，声音创作艺术、技术与学术共融的专业特征，厚理论、重实践、求创新。一方面阐述声音创作的美学原理与表现规律，帮助学生夯实影音美学理论基础，扎实专业核心，在跨学科语境下，了解融媒体系统的运行方式，掌握数字声音制作的全岗位要求；另一方面传授录、配、拟、混的全链制作技能，力求做到理论与实践相结合，开拓学生的专业视野，增强学生的创新能力、协作能力与自主学习能力。

图书在版编目(CIP)数据

融媒体声音艺术与制作/花晖著. —上海：上海交通大学出版社，2022.12

ISBN 978-7-313-26831-0

Ⅰ.①融…　Ⅱ.①花…　Ⅲ.①声音处理-教材　Ⅳ.①TN912.3

中国版本图书馆 CIP 数据核字(2022)第 211473 号

融媒体声音艺术与制作
RONGMEITI SHENGYIN YISHU YU ZHIZUO

著　　者：花　晖
出版发行：上海交通大学出版社　　地　　址：上海市番禺路 951 号
邮政编码：200030　　电　　话：021-64071208
印　　制：上海新艺印刷有限公司　　经　　销：全国新华书店
开　　本：710mm×1000mm　1/16　　印　　张：13
字　　数：213 千字
版　　次：2022 年 12 月第 1 版　　印　　次：2022 年 12 月第 1 次印刷
书　　号：ISBN 978-7-313-26831-0
定　　价：68.00 元

自序

不忘初心　争做新时代优秀媒体人

1920年11月2日，美国匹兹堡的KDKA电台报道了沃伦·哈丁与詹姆·考克斯的总统选举对决，当时轰动一时，被认为是世界上第一次常规性的广播节目(*World's first regularly scheduled broadcast*)[①]。1940年12月30日，延安新华广播电台在延安宝塔山向世界发出了第一声呼号，标志着我国人民广播事业的创建。广播这门声音艺术于20世纪初期逐步进入全世界千家万户，与报纸、电影、电视等一道有力地塑造着近现代大众文化。

时至今日，全球政治经济的深度变革、数字技术的迅猛发展，以及大众文化的多元走向，合力催生了一个全新的媒体时代，这个时代对于媒体人而言充满着机遇，亦充满着挑战。一方面，正如习近平主席出席2018年中非合作论坛北京峰会开幕式时，发表的主旨演讲中所指出的："当今世界正在经历百年未有之大变局。世界多极化、经济全球化、社会信息化、文化多样化深入发展，全球治理体系和国际秩序变革加速推进，新兴市场国家和发展中国家快速崛起，国际力量对比更趋均衡，世界各国人民的命运从未像今天这样紧紧相连。"[②]显然，在这样一幅构建"人类命运共同体"的宏伟蓝图中，媒体格局必将迎来深刻调整。随着跨国跨域人员、资本与信息交流的日益频繁，文化冲突与融合将成为全球化背景下的新常态，如何坚定"四个自信"，在国际传播中发挥积极作用，成为我国媒体发展的重要命题。"党的十九大报告指出，推进国际传播能力建设，讲好中国故事，展现真实、立体、全面的中国。中共中央办公厅、国务院办公厅印发的《国家"十三五"时期文化发展改革规划纲要》指出，让全世界都能听到听清听懂中国声音，不断增强中国国际话语权，使当代中国形象在世界上不断树

---

① KDKA. *Going Forward with Radio*. 1946. p.3.

② 习近平.世界各国人民的命运从未像今天这样紧紧相连[EB/OL].新华网，http://www.xinhuanet.com//silkroad/2018-09/03/c_129946110.htm，2018-9-3.

立和闪亮起来”。① 这便是时代的召唤,讲好中国故事、让世界听懂中国声音,是当代媒体人义不容辞的使命担当。

另一方面,影音技术、通信技术与计算机技术等各个领域的长足发展,促使门类众多的影音艺术孕育出了崭新的形态,我们正大步流星迈入一个打破边界、包容万象、革故鼎新的融媒体时代。对于融媒体(converging media)以及媒体融合(media convergence)这两个相关联的概念,有诸多解读。所谓“融”,简单而言,即新旧媒体之融合,詹金斯将其视为“构建于多元化媒体平台上的一种内容流,亦是众多媒体产业与受众迁移行为间的一种协作,受众由此得以于任何地方获得所期望的媒体体验。”②由此概念出发,并考察相关融媒体实践,可以归纳出现阶段融媒体发展的几大特征:一是由媒体产业的角度来看,报纸、杂志、广播、电视等传统媒体高度倚重网络平台,新旧媒体消弭壁垒,以“信息中央厨房”的形式,对信息源进行统一采集处理后,再根据不同类别的平台特性分派与发布相关内容,以此达成资源共享、制作协同、传播通融、平台互补的最终目标。二是融媒体的生产与传播业已构成以影音为核心形态的内容表达。人类记录与传递信息的途径大致经历了“简单图形-抽象文字-复杂图文-影像声音”的演变过程,直观、具象、趣味的影音表达,更贴合大众媒体广泛传播的属性,也是对大众文化的本质回归。

一个典型的例子便是上海报业集团于2019年初便开始融媒体布局,逐步构建起“三二四”阵列:“‘三’是实施以《解放日报》《文汇报》《新民晚报》三大报为代表的传统主流媒体战略转型,有效推进‘上观新闻’‘文汇’和‘新民’三大主流新媒体阵地建设;‘二’是打造澎湃和界面两大现象级新型传播平台;‘四’是聚焦四大垂直细分领域,打造特色新媒体集群,如摩尔金融、唔哩、上海日报Shine、第六声(sixth tone)、周到等。”③

但必须注意的是:影音形式虽为大众喜闻乐见,但信息的承载能力与接受

---

① 蒋红柳.“一带一路”与国际传播能力建设[EB/OL].光明日报,http://theory.people.com.cn/n1/2018/0830/c40531-30260204.html,2018-8-30.

② Henry Jenkins. *convergence culture : Where old and new Media collide*. NY: NYU Press, 2006. p. 2.此段原文为:‘the flow of content across multiple media platforms, the cooperation between multiple media industries, and the migratory behaviour of media audiences who would go almost anywhere in search of the kinds of entertainment experiences they wanted.’

③ 宋心蕊、赵光霞.上海报业集团:八大项目助“融媒体”向“智媒体”蝶变[EB/OL].人民网,http://media.people.com.cn/big5/n1/2020/0509/c40606-31701937.html,2020-5-9.

效率，却不及抽象文字，观看视频或是收听音频对于时间的刚性要求亦有所提高，因而对于某些信息量丰富的内容制作与发布，影音与图文相辅相成成为最佳方式，这也是融媒体的要义所在。

从受众角度来看，首先，手机、平板等移动终端已成为大众信息搜索、内容接收、社交分享的最主要方式。《2019—2020年中国移动搜索市场运行监测报告》的数据显示："中国移动搜索用户数量规模增长稳定，2019年第四季度中国移动搜索用户已达7.05亿人。"①《2019年中国移动社交行业专题报告》显示："2018年中国移动社交用户规模为7.37亿，预计未来两年仍将稳步增长，2020年有望突破8亿人。"②信息传播通路的广泛移动化，使得传播路径大大拓展、传播速度大幅提升，尤其在5G技术逐步普及的当下，大众获得了前所未有的连接能力，时时刻刻的上线状态促进了媒体体验的最大化，这对于融媒体全面而深入的发展意义非凡。其次，在传统媒体向融媒体进化的同时，借助新媒体工具而兴起的自媒体，也带来了一场个体化、自主化、普遍化的传播革命。较之官方媒体的权威声音，自媒体阵营所发出的民间乃至"草根"之声，谱写了一曲几近全民狂欢的交响乐。在与官方媒体共同构建当下媒体生态的背景下，自媒体生产的体量、价值与意义不可小觑，值得深究。自媒体蓬勃兴起的积极之处在于：大众在轻松获取媒体工具后，拥有了信息发布与共享的媒体自由。信息传者与受者的关系发生了根本性的改变，两者间的界限日益模糊。目前一部最普通的智能手机都能拍摄高清视频，同时微博、抖音、快手、微信等诸多平台大多提供了免费的发布端口，从而将技术与成本的门槛降至极低。具有社交性、互动性、自我中心性的自媒体生产，在形式上颠覆了过往单向接收的传播模式，在内容上成为官方媒体信息的重要补充。

不过，必须清醒认识到的是：自媒体的草根性与开放性，在推动其高速扩张的同时，却几乎与碎片化信息(fragmented information)的肆意生产划上了等号。仅以抖音为例，据《2019抖音数据报告》，"截至2020年1月5日，抖音日活跃用户数已经突破4亿。2019年，46万个家庭用抖音拍摄全家福，相关视频播放27.9亿次，被点赞1亿次。"③体量极度巨大、内容极度离散、推演极度简

① 艾媒咨询.2019—2020年中国移动搜索市场运行监测报告[EB/OL].艾媒报告中心，https://report.iimedia.cn/repo1-0/38993.html?acPlatCode=sohu&acFrom=bg38993，2020-2.

② 萧筱.中国移动社交报告[EB/OL].艾媒网，https://www.iimedia.cn/c460/66480.html，2019-10-23.

③ 2019抖音数据报告，https://www.useit.com.cn/thread-26019-1-1.html，2020-1-6.

化的碎片化信息发布，表面上降低了认知成本，却损害了信息的完整性与逻辑性，甚至催生了一批博取眼球、歪曲事实的“有害信息”。

那么，新时代媒体人必须坚守的信念应该是什么？习近平总书记在2016年主持召开党的新闻舆论工作座谈会上发表重要讲话指出，“在新的时代条件下，党的新闻舆论工作的职责和使命是：高举旗帜、引领导向，围绕中心、服务大局，团结人民、鼓舞士气，成风化人、凝心聚力，澄清谬误、明辨是非，联接中外、沟通世界。要承担起这个职责和使命，必须把政治方向摆在第一位，牢牢坚持党性原则，牢牢坚持马克思主义新闻观，牢牢坚持正确舆论导向，牢牢坚持正面宣传为主”。① 这份殷殷嘱托便是媒体人必须时刻牢记心间的信念，不忘初心、牢记使命，在当下这样一个创新变革的媒体环境中，除了丰富大众文化生活，更要通过学习与实践，不断提升传播力与影响力，“积极倡导社会主义核心价值观，引导大众科学的价值取向”。②

本书虽然侧重于介绍融媒体背景下声音的艺术表达与制作技巧，但艺术服务于人民，技术服务于思想，无论你是初涉自媒体创作的学生，抑或从业多年的媒体工作者，希望你在翻开本书之后，构建起正确的媒体观，树立起传播中国声音的远大理想，为成为新时代优秀的媒体人而不断奋进。

---

① 牢牢坚持马克思主义新闻观[EB/OL]. 央广网，https://baijiahao.baidu.com/s?id=1625504240976927051&wfr=spider&for=pc，2019-2-15.

② 郁涛. 新媒体时代媒体承担哪些社会责任[EB/OL]. 人民论坛，http://www.rmlt.com.cn/2018/0803/524983.shtml，2018-8-3.

Preface

前　言

本书牢牢把握融媒体背景下，声音创作艺术、技术与学术共融的专业特征，厚理论、重实践、求创新。一方面阐述声音创作的美学原理与表现规律，帮助读者夯实影音美学理论基础、扎实专业核心，在跨学科语境下，了解融媒体系统的运行方式、掌握数字声音制作的全岗位要求；另一方面传授传统影视创作及新媒体制作皆可适用的录音、配音、拟音、混音等全链条技能，力求做到理论与实践相结合，开拓读者的专业视野，增强读者的创新能力、协作能力与自主学习能力。

为顺应技术迭代与新媒体的发展，本书重点以互联网，尤其是移动媒体端应用广泛的播客为例，手把手由创意策划到录制剪辑，再到输出发布，讲授全流程创作思路与制作技巧。同时，对接音频分享网站、vlog、微信等主要融媒体声音阵地，帮助读者熟悉并掌握各类平台的操作步骤与技术参数，以及跨平台的内容联动与传播。

本书每章开篇均设有“本章导读”，方便读者迅速了解本章主要内容与核心知识点；在讲解一些理论难点、技术要点，或是操作常见问题时，设有提示框，给出一些小贴士，强化读者的理解与记忆；每章结尾附有“本章思考”一栏，以帮助读者系统总结、循序渐进，在边学边练中巩固知识、掌握要领。

本书提供了扩展阅读、声音素材、作品赏析、练习范例等丰富的云端电子资源，长期有效供读者下载，与本书配套使用。请通过下列链接与密码，获取每一章节的扩展资源：

下载链接：https://jbox.sjtu.edu.cn/l/lu8AeB　下载密码：etbl

声音制作必然涉及大量相关产品，本书仅基于个人使用经验做出产品介绍，不代表任何购买或租赁提示，所列产品的最新信息也请参考相关官方网站。

本书适合高校影视专业学生、影视从业人员，以及影视爱好者。

欢迎读者就学习心得、问题疑惑、意见建议等，随时与作者联系，共同探讨、共同进步。

Contents

目　　录

第一章

基于融媒体平台的项目设计

- 声音产业的融媒体进化及其特征与意义。
- 常见声音制作项目的类型与特点。
- 播客项目的结构与文本。
- 制作团队的主要构成与各自职责。
- 项目制作的可行性。

2020年1月,“荔枝”成功上市,成为“中国在线音频第一股”。自2013年“荔枝”App上线,至2019年11月底,这一平台已积累了超过1.7亿期音频节目,仅2019年10～11月,活跃用户月均互动次数已高达27亿次。[①] “荔枝”的成熟与兴起并非个案,耳熟能详的同类App还有“喜马拉雅”“蜻蜓”“阿基米德”等,由此形成的“网络音频社区”及“耳朵经济生态圈”,已得到了用户的高度认可,进入了可持续发展的轨道。

就核心功能而言,这些社区旨在以声音连接万千大众,构建创作与分享的虚拟空间;就内容而言,这些社区涉及UGC、PUGC等多种制作模式,节目门类繁多、百花齐放,以满足不同的受众群体的需求。

与此同时,影音技术、信息技术连同先进制造技术的高速发展,明显降低了数字音频创作的软硬件门槛,使得越来越多的声音艺术爱好者获得了施展才

① 数据来源:荔枝创始人赖奕龙于纳斯达克现场的公开发言,荔枝官方微博,https://weibo.com/ttarticle/p/show?id=2309404461854553408026.

能、自我表达的广阔舞台，其中亦不乏用声音打造出个人品牌的 KOL。这种听众向创作者的动态转变，无疑是融媒体时代的重要标志之一。

在推进具体的项目制作之前，唯有展开扎实的前期筹备工作，确定可行的设计方案，才能为后续的执行与落实打下牢固的基础。这里强调的项目整体设计包括：对项目环境的分析与把握、项目的目标定位、项目的选题策划、项目的可行性、项目的运营与推广等一系列要素。凡事预则立，这个道理在融媒体创作中尤为重要。

本书除了介绍声音艺术的一般表达规律、基本制作工艺之外，将重点以应用广泛、大众熟知且易于入门的播客为例，讲授全流程的播客创作思路与制作技巧。在展开具体讨论之前，考察并深入了解产业现状、掌握用户当下的需求，无疑是制定项目方案的必要前提。

第一节　声音产业的融媒体进化

融媒体背景下的媒体产业，打破了新旧媒体间的壁垒，融合了众多媒体阵地，围绕着互联网络、移动网络展开密集布局，进而形成了诸多航空母舰式的头部平台，这种规模与体量上的突飞猛进成为产业进化过程中最显见的特点之一。

聚焦我国近年来以声音为核心表现手段的文化创意产业，其市场规模正以成倍的速度全力扩张，其中网络音频市场于 2020 年已达到 123 亿元的规模，预计到 2023 年可增长至逾 300 亿元，用户规模亦由 2020 年的近 7 000 万人，攀升至 2022 年的逾一亿人。[①] 随着规模膨胀、人员扩充、资本涌入，以优质 IP 为核心文创资产、以不同层级的制作人为生产主体、以数字音频节目为内容产品、以互联网为基础传播平台，结合技术研发与硬件配套支持的数字音频产业图谱由此形成（见图 1－1）。

如图 1－1 所示，掌握优质 IP 的版权方、制作方与平台方构成了内容创作与发布的三大支柱；广泛用户生产内容（UGC）与专业用户生产内容（PUGC）

---

① 数据来源：2021 年中国网络音频产业研究报告[EB/OL]. 艾瑞咨询，https://www.iresearch.com.cn/Detail/report?id=3909&isfree=0,2021－12－29.

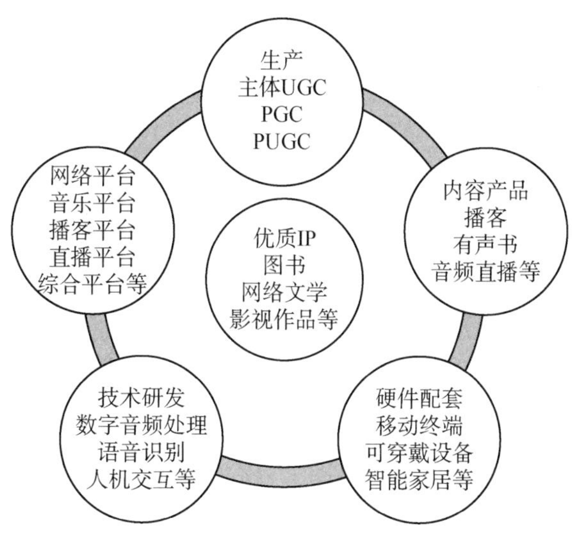

图 1－1　数字音频产业图谱

构成了最主要的内容型产品输出；多场景、强兼容、重移动的各类硬件设备则与广大用户直接接触。在一个内容互通、渠道融合的环境下，听众可以在家中、地铁里、私家车内无缝衔接，完成一档音频节目的收听，乃至互动活动。

当然，支撑上述全套系统运作的是高速发展的网络信息技术、不断升级的智能制造技术，以及不断迭代的声音处理技术，其中包括声音录制、编辑、存储、传输等基础技术，以及语音识别与交互等最新的人工智能技术。

与此同时，“耳朵经济生态圈”现阶段已形成了“用户＋广告＋硬件＋衍生”四位一体的商业模式（见图 1－2）。

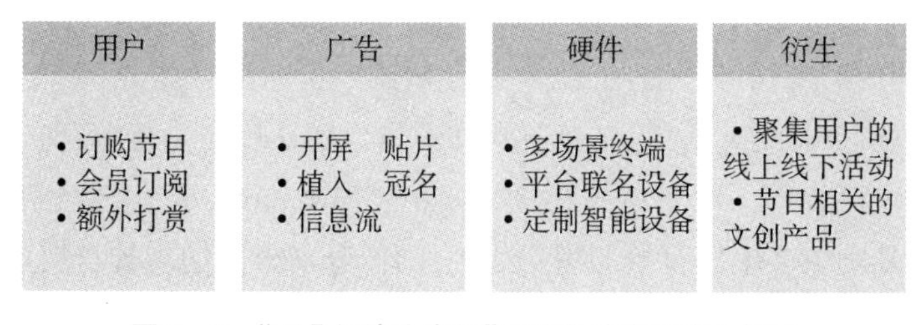

图 1－2　“耳朵经济生态圈”现阶段的主要商业模式

值得一提的是信息流广告（Feeds AD），它是融媒体平台所催生的、特点最为鲜明的新型营销与变现手段之一。作为一种“穿插于媒体内容流中或社交媒体好友动态信息流中的广告，可以通过用户画像、用户偏好及用户行为标签等智能化技术开展精准推送”。[①] 这一概念由 Facebook 于 2006 年提出并加以推广，于 2012 年由新浪微博引入，并逐步在国内媒体中被广泛应用。其特点在于基于大数据，针对人口特征、偏好需求、行为习惯、常用设备与场景等典型用户标签，对使用者进行数据捕获与画像分析，从而实现精准投放。这就意味着用户的性别、年龄、网络浏览历史、出行痕迹、购物娱乐等所有属性与跨平台行为，都将成为推送节目、引导进一步内容消费的重要因素。

随着高速互联网与智能设备的应用与普及，声音产业将实现更大范围、更大程度的融媒体进化。一方面，万物互联，数据融合，除了手机、平板等传统移动终端外，可穿戴设备、智能家居、车载设备等种类更为多样、功能更为丰富的全场景设备将遍及并内嵌入人们的日常生活，形成全场景的节目生态。更为重要的是，不同设备间并非孤立存在，而是协同工作，可以根据用户位置、行为等各要素的变化，判定与分析场景变化的具体情况，并实时推送节目内容与相应信息。诸如“百度音乐”App 可以“通过重力可以感应出高频跳动，比如你在跑步机上，它可以识别出你正在做运动；通过移动速度可以感应出你的运动状态、是否拥堵，如果走走停停速度还低于 5 千米每小时，那么它将自动为你献上在路上的歌”。[②] 而当用户飞驰在高速公路上时，手机即可连接至车载电台，推送实时新闻与路况信息。这些基于信息联动效应的智能电台流及场景化技术，早在多年前已展开应用尝试，随着技术瓶颈的一一突破，融媒体平台上的声音节目除了个性化的娱乐功能外，无疑将提供更具价值的信息服务功能。

另一方面，基于互动与分享的音频制作在融媒体平台上将进入新阶段。一种做法是深度运用现有的媒体工具，诸如江苏广播新媒体部推出的“微啵云系统”，“将听众发送至微信公众号的消息传递至导播平台，由导播进行筛选后推荐至直播间内的主播屏幕上，主持人会将导播推荐的消息在节目中念出，即时了解听众聆听节目的实时感受，将听众和节目内容连接在一起，实现台网互动，全民参与节目生产”。[③] 另一种做法则类似于“喜马拉雅”推出的“全民朗读”计划，吸引并鼓励更多不同背景的用户或创作者，分享自己的声音与故事，并在反馈与互动中构建社区，形成与现实生活相交织的虚拟生活形态。这一做法在短

---

① 熊昊.信息流广告的特征与发展趋势[J].青年记者，2020(18)：86－87.

② 百度音乐推出“智能场景电台”技术驱动消费变革[EB/OL].中国日报，http://www.chinadaily.com.cn/interface/toutiao/1138561/2014-12-30/cd_19177497.html，2014－12－26.

③ 李蕾.付费音频：传统广播的新市场[J].中国报业，2020(19)：54.

视频领域已经有了丰富的经验累积，在技术与设备门槛更低的短音频领域理应有更长足的发展与更深入的商业应用。

第二节　项目类型与内容策划

在了解产业现状与发展趋势的基础上，探讨项目的整体设计，首要任务便是确定项目的制作类型。可以从以下两个维度来进行划分：

一是以生产方式划分：①专业生产。例如传统的广播电台节目，一般由受过系统训练的科班人士于专门机构完成制作，其产出内容即 PGC(professionally-generated content)。②用户生产。例如众多的播客节目(podcast)，大众凭借自身兴趣进行原创制作，这种用户向生产者的转变是强交互媒体发展以及影音媒体技术普及的必然结果，此类内容即 UGC(user-generated content)。UGC 是近年来众多平台着力建设的板块，基于用户表达与分享实现用户沉淀与积聚。③专业用户生产。这一概念由“蜻蜓”提出，指向除传统广播电台以外的另一种专业用户制作。[①] 这些专业用户来自各行各业，并在各自领域中具有相当的权威性或知名度，如金融专家、文化学者、演艺工作者等。这类产出即 PUGC(Professional User-generated Content)，大众比较熟悉的有罗振宇在“得到”上推出的《罗辑思维》、马东携“奇葩天团”在“喜马拉雅”上推出的《好好说话》等节目。当然，由用户参与及业界实践来看，上述三种生产方式绝非相互排斥，而更像一种动态演变的关系。“蜻蜓”曾推出名为“声价百万”的全球播主竞技大赛，其目的便在于挖掘具有潜力的素人主播，通过孵化培训、提供资源渠道等一系列支撑措施，培养出基数庞大且稳定的专业用户群，甚至打造出新的头部主播，从而一方面以优质内容为导向，获取充足的流量；另一方面以个人为导向，营造黏性更强、层面更广的粉丝群体。[②] PUGC 的兴起带来了平台商业

① “蜻蜓 FM”副总裁赵捷忻在 2015 全球移动互联网大会上指出：“蜻蜓 FM 有主要有两类合作伙伴，一类是 3 000 多家传统广播电台，我们都达成了各种形式的合作。另外一块的话是我们马上主推的叫 PUGC，也就是专业用户生产内容。我们需要提供这些优质内容，给用户更好的体验。”

② 蜻蜓 FM. 靠声音，成为百万播主[EB/OL]. 创业邦，https://www.cyzone.cn/article/126173.html, 2015-6-25.“蜻蜓 FM”运营总监郑毓海提出：会向大量声音原创者提供资金、资源、培训、服务、渠道、奖励和工作室等一系列支撑条件，帮助他们将主播和节目形成强烈的用户黏性，然后通过各自垂直的粉丝经济打造成熟的商业模式。

模式的革新，催生了基于内容分化的产业生态再次升级。

二是以内容门类划分：围绕着受众分化与场景分化演变而生的内容分化已是无可阻挡的趋势。以传统广电系统为例，上海文化广播影视集团有限公司(SMG)旗下拥有 12 个广播频率，重点覆盖新闻、音乐、交通、体育、财经等几大内容领域，并依托自建音频社群 App“阿基米德”展开电台节目的线上传播；①而大量商业运营的制播一体化网络平台，更是将内容分化做到了极致。“蜻蜓”曾于 2018 年推出包含文化名家、女性、新青年、财经、儿童成长、原创自制、超级广播剧、影视 IP 等在内的九大内容矩阵，②短短几年间，九大矩阵已远远无法满足当下用户的需求，“蜻蜓”全面推出了集合小说、脱口秀、情感、儿童、评书、音乐、财经、科技、校园等在内的 30 种细目；“喜马拉雅”则以有声小说、娱乐、知识、生活、特色构成五大主要板块，下分近百项细目，用以精准吸引不同属性的圈层受众。不难看出，过往千人一面的内容不再具有市场，通过细分题材打入圈层成为唯一出路(见图 1 - 3)。

a b

图 1 - 3 a:“蜻蜓”的“二次元”板块
b:“喜马拉雅”的“观影指南”板块

资料来源：蜻蜓 FM，https://www.qingting.fm/categories/3427/0/1，2020 - 11 - 23. 喜马拉雅，https://www.ximalaya.com/yingshi/guanyingzhinan/，2020 - 11 - 23.

下面便以播客为例，展开详细讨论。

① 截至 2020 年底，上海文化广播影视集团有限公司(SMG)旗下设置了 12 个广播频率，包括上海新闻广播、东广新闻台长三角之声、上海交通广播、上海故事广播、上海戏曲广播、经典 947、动感 101、Love Radio103.7、KFM981、五星体育广播、第一财经广播、浦江之声。具体介绍见 SMG 官网：https://www.smg.cn/review/201406/0163874.html.

② 牛瑾. 蜻蜓 FM 推出内容矩阵[EB/OL]. 经济日报，http://paper.ce.cn/jjrb/html/2018-12/12/content_379160.htm，2018 - 12 - 12.

一、播客的发展历程与用户画像

“播客”一词最早见于2004年2月《卫报》的一篇专栏报道，本·汉默斯利(Ben Hammersley)在篇名为《听觉革命》[①]的文章中，提出了“音频博客(audioblogging)”“播客(podcasting)”“游击媒体(guerilla media)”三个概念，以概括彼时以iPod为代表平台的音频制作与传播，其主要特征为：一波全新的业余制作浪潮(a new boom in amateur radio)、制作软件廉价甚至免费、主要通过网络传播。[②] 有学者进一步总结出此类制作的便携性、密切性与可及性，并深刻认识到技术发展带来了用户与制作者角色间的自由转换。[③] 随着2001年起一代代iPod的持续风靡，“播客(podcast)”一词作为iPod与broadcast的集合体，正式成为UGC制作的核心部分，并逐步由业余制作拓展至专业制作领域，已然成为当下融媒体平台上数量最多、受众最广、影响最大、最具商业潜质的制作类型之一。

从播客的起源与发展历程中不难看出这类制作主要面向乐于接受新科技与新事物的年轻用户。《PodCast China 2020中文播客听众与消费调研》[④]报告用一系列数据较为完整地描绘出当下中文播客听众的用户画像，其群体特征可以大致归纳为以下七个方面：①具有良好教育背景的都市年轻人，88.5%的听众年龄在35岁以下，26—30岁为最集中段，86.4%的受访者拥有大学本科及以上学历，男性听众较女性略多(1.3∶1)，68.2%的听众居于一线城市与新一线城市，其中上海(17.2%)、北京(14.8%)、广东(12.6%)占前三位；②大多

---

① Hammersley, B. ‘Audible Revolution’. Media Guardian [EB/OL], http://technology.guardian.co.uk/online/story/0.3605.1145689.00.html, 2004-2-12.

② Hammersley在文中写道：With the benefit of hindsight, it all seems quite obvious. MP3 players, like Apple’s iPod in many pockets, audio production software cheap or free, and weblogging an established part of the internet; all the ingredients are there for a new boom in amateur radio. But what to call it? Audioblogging? Podcasting? GuerillaMedia?

③ Berry, Richard. Will the iPod Kill the Radio Star? Profiling Podcasting as Radio. Convergence: The International Journal of Research Into New Media Technologies. 2006(12): 143-162. 10.1177/1354856506066522. Berry在文中写道：Podcasting not only removes global barriers to reception but, at a stroke, removes key factors impeding the growth of internet radio: its portability, its intimacy and its accessibility. This is a scenario where audiences are producers, where the technology we already have assumes new roles and where audiences, cut off from traditional media, rediscover their voices.

④ 由“PodFest China”于2020年5月发布，具体详见“PodFest China”官方网站：https://podfestchina.com/portfolio/podcast-audience-report/

数听众随着播客的兴起开始关注这类节目，并培养起较强的使用黏性：56.6%的受访者在过去三年里接触到播客，50.5%的人几乎每天都听播客；③收听播客主要在碎片场景，手机等移动设备是最常用的收听工具，公共交通时间（53.9%）、休闲时间（51.8%）、家务时间（48.8%）位列播客收听场景的前三位；④好奇心、兴趣点、实用性是收听播客最主要的三大驱动力，同时33.3%的听众对于播客主或嘉宾存在粉丝心理；⑤72.6%的听众会使用播客用户端，58.4%的听众会使用音频平台，其中苹果播客（49.7%）、喜马拉雅（37.9%）、网易云（35%）、微信公众号内嵌节目（21.9%）、Pocket Casts（19.5%）是五大收听渠道；⑥播客应用、搜索引擎、社交媒体是听众发现播客的三大主要途径，主播、嘉宾、小众垂直领域的知名人物都会影响听众的选择；⑦88.5%的听众曾为播客内容付费，50.7%的听众曾因播客内容影响过自身日常消费行为。

准确掌握用户画像的意义在于：音频节目，尤其是播客这类UGC及PUGC制作，必须以听众为核心，满足听众的需求，激发听众的兴趣，才能形成口碑，促成大量转发等裂变式传播，从而聚集起越来越多的用户，实现节目的可持续发展。换言之，所有内容的策划与设计都必须紧密围绕着上述画像而有序展开。

二、播客的选题

一档播客最为基本的制作流程可以划分为四个步骤（见图1-4）。

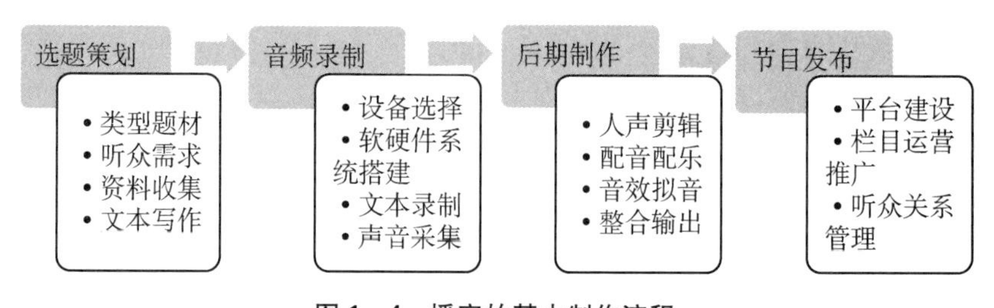

图1-4 播客的基本制作流程

在动手录制播客之前，确定垂直内容类型，深挖细分题材，无疑是至关重要、决定成败的第一步。

在众多垂直分类中，需求量较高的类型主要包括：音乐类、语言娱乐类、听书类、新闻资讯类、知识教育类。① 如果继续挖掘，则每个类型下面都可以发展

① 路逊.融媒传播条件下广播节目制作新思路探寻[J].视听纵横，2020(3)：56-59.

出更为详细的题材与对象标签。以“喜马拉雅”为例，其主推的有声书系列，设有历史、国学经典、小说、言情、都市、悬疑推理等细分题材，更针对上班族、文艺青年、高级管理者等目标用户设置标签与导航，从而进行精准的内容推送。

播客项目最基本的设计策略可归纳为：定位清晰、主题清晰、节奏清晰。这就要求播客主深耕自身熟悉的领域，深刻了解自己的目标听众（播客主与听众应该身处同一圈层），在丰富而扎实的知识储备下，实现有效的信息输出。一些典型的场景包括：爱好美妆的大学生介绍日常时尚搭配、摄影师评测最新器材与传授拍摄技能、健身教练普及运动技巧、美食家分享自己的烘焙心得。无论是哪一行业，播客主唯有在其专业领域与强烈兴趣中酝酿话题，才能长期做到有话可说且言之有物。

在确定的栏目主题之下，每一集节目（episode）都要紧紧围绕实用性与趣味性展开选题，可以由分享自身经历出发，分析某一现象，解决某一问题，提供一种视角或思路。以“喜马拉雅”上的“炎炎养猫记”[①]为例，该节目的播客主以“资深养猫人”的身份为整档节目定下基调，节目旨在讲述一个养猫人的世界，介绍养猫经验，帮助爱猫者少走些弯路。在此大框架下，策划了“钙对猫的作用”“赖氨酸对猫鼻支有用吗”“猫得狂犬病危害性更大”“猫咪肾脏的养护非常重要”“一只猫的行为习惯是怎么养成的”等一系列选题；又如“蜻蜓 FM”上的“奔跑吧，卡路里！”，[②]该节目旨在介绍合理运动、健康生活的方法，目标受众便是运动健身爱好者，由此策划了“硬拉这个动作你练对了吗？正确姿势 get 起来”“手臂日必练的六个动作，增加肌肉维度，刻画肌肉线条”“活化肩膀：四个动作启动你的肩胛骨”等一系列选题。不难看出，上述选题均有的放矢、指向鲜明，以饱满的实用信息吸引听众，若播客主没有一定的经验与知识积累，是难以支撑起节目来的。

当然，强调知识输出并不意味着乏味无趣、了无情感的表达；相反，对于一些读书类、“软”知识输出类，或是情感交流类的栏目，播客主的声音印记、演绎手法及个人风格都是设计的亮点，或称作核心竞争力。“日谈公园”“矮大紧指北”“严伯钧的硬派科普秀”等栏目，都能在夹叙夹议中实现自我观点的表达，以自身感悟与听众形成共鸣，这对于播客文本的想象性与创新性建构、播客主的

---

① 炎炎养猫记[EB/OL]. 喜马拉雅，https://www.ximalaya.com/shishang/9331380/，2020－12－14.
② 奔跑吧，卡路里！[EB/OL]. 蜻蜓 FM，https://www.qingting.fm/channels/209476，2020－12－14.

语言组织与随机应变能力，提出了较高的要求。

就节奏清晰而言，一方面指向播客主把握节目进程的能力，在清晰有序的结构与步调中，推进并完成整体文本议程；另一方面指向栏目上线更新的频率。一般而言，“周更”或“双周更”是目前较为常见，也较为适合 UGC 实践的播客制作频率。播客主可以适时地结合社会热点、文化现象、节气时令、自身状态，设置具体的话题；或者在某一大专题的框架下，借鉴剧集的概念，形成以“季”为单位的系列制作模式，一个大专题即为一季，制作与播出可在数月的时间跨度内分多集完成，一季结束后再更新下一专题，一些读书类播客便属于此类。

对于一些计划“双日更”，乃至“日更”的栏目而言，密集的制作日程对于播客主的选题能力与知识输出提出了极高的要求。这种高频制作一般出现于资讯类栏目中，比如“喜马拉雅”上的“今日股市”，[①]该栏目每天根据股市的交易时间表设置了“早盘必听”“午间盘点”“收盘点评”三大固定板块，各板块内容自然指向这一阶段的股市行情或个股分析，一日三更的制播频率有了高强度资讯量的支撑，便显得游刃有余。当然，并非每位播客主都有这样的时间、精力以及资讯储备量，关键在于保持频率稳定的更新，以培养听众的收听习惯，从而建立起信息与信任的连接。

需要补充的是：除了周期性的节目制作，可持续的播客生产更像对一个生态体系的营造，这一体系以内容为核心，以社交为支撑，目标在于筑起播客主与听众共建共营的虚拟小社区。这样的社区可以构架于播客平台，更可延伸至多元化的社交平台，从而涉及更多的听众关系管理与栏目运营推广。正如前文所提及的江苏广播“微啵云系统”“喜马拉雅”“全民朗读”计划，融媒体平台中的项目设计，从最初的选题开始，便要将“社交思维”时时刻刻铭记于心。

善用社交工具　了解你的听众想听什么

在挖空心思进行策划选题时，千万不要忘记了解你的听众想听什么。

在开通播客的同时，设立微博等社交账号是个绝佳的主意，维护信息对流是播客主的日常功课。这些功课包括但不限于：

- 在节目中经常性地公布自己的社交账号，鼓励听众参与互动。
- 将听众热议的话题或感兴趣的嘉宾，并尽快安排在近期节目中。

---

① 今日股市[EB/OL]. 喜马拉雅，https://www.ximalaya.com/shangye/2881558/，2020-12-14.

- 在节目中及时回顾与回应听众的评论或留言，甚至可以邀请听众代表以各种形式参与制作。
- 询问听众在何时、何地、何种场景下收听节目，并根据大多数回答适当调整节目的主题与频率。
- 询问新进听众如何获知自己的节目，以及对节目有何期待与要求。
- 在社交平台上分享一些与节目相关的生活日常或技能经验，增强沟通、促进了解，使社交平台成为播客的延伸。

三、播客的结构与文本

确定选题之后的工作便是确立结构。清晰的结构是进一步文本写作的前提，也是节目风格塑造的基础。

首先需要考虑的因素便是时长。与传统广播节目长时间、不间断的陪伴式播出不同，播客聚焦于满足用户在碎片场景中的信息与情感需求，这也是听觉艺术作品的独特优势所在：其对人体感官的占有与消耗并不具有排他性，“音频强大的伴随属性在任何空间场景中都可以被填充。（这种）对听觉器官的开发，是在视觉器官、触屏操作被过度消费后的必然趋势”。[①] 当然，这种允许与其他行为并行的接收方式，也会带来收听音频节目的随意性与分散性。事实上，除了睡前戴上耳机听几段播客，听众很少像正襟危坐看电影、目不转睛刷手机那样集中所有注意力收听音频节目。这种接收端的特殊性，使得长时间制播的电台广播节目对于一些重要信息要给予重复播报，而对生存于碎片时间中的播客而言，在听众有限的注意力时段内完成节目显得十分关键。听众可以在公交、家务、运动等常见场景中，完成整集节目的收听，而不需要多次暂停或回放，这对于保持节目播放的流畅性、信息传达的完整性是大有裨益的。基于时长，可以将播客大体分为“随身听”“中篇”“专题”三类结构，并相应衍生出各自适宜的文本框架。

（一）10分钟以内的“随身听”播客

此类播客近似“新闻快报”，大都为一连串的资讯类集锦，形成“短、平、快”的节目特色，伴随着新闻事件、社会热点而生，追求强时效性。整体结构可采用

① 段宇，温蜀珺．智媒时代下音频节目的结构嬗变与内容创新[J]．视听，2020(4)：13－14．

清晰明了的“三段式”(见图1-5),以信息突出、表达精准为制作宗旨。

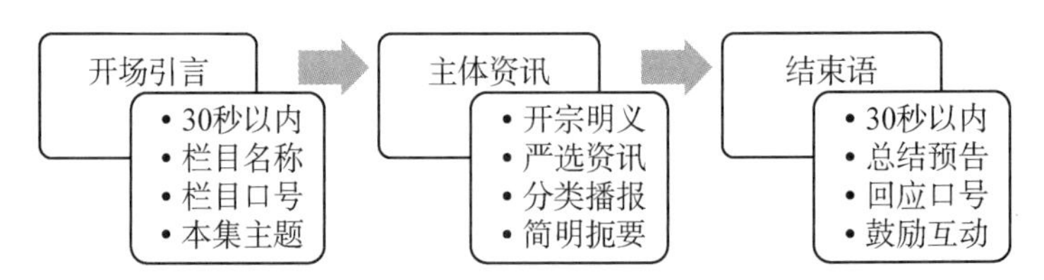

图1-5 “随身听”播客的“三段式”结构

以“东方网”推出的“新闻早餐”[①]为例,这一“日更”栏目,每一集均限制于10分钟以内,6—7分钟为最主要时长分布,时间虽短,但条理清晰,“三段式”结构分明。如2022年2月6日的节目“我的眼睛就是尺!中国体育代表团首金,王濛激情解说刷屏”,[②]全长6分39秒,可以拆分为以下段落(见表1-1):

表1-1 “新闻早餐”“三段式”结构分解

	节 目 内 容	时 长
开场引言	(栏目音乐起,出栏目口号)吃早餐,听新闻。 今天是(日期),(主持人)在上海问候您,早安!	0秒—19秒
主体资讯	首先来关注头条消息(1条消息)	20秒—1分4秒
	下面来关注国内新闻(8条消息)	1分5秒—2分40秒
	下面来关注国际新闻(8条消息)	2分41秒—4分29秒
	下面来关注社会民生新闻(4条消息)	4分30秒—5分29秒
	最后来关注文化体育新闻(4条消息)	5分30秒—6分19秒
结束语	(栏目音乐起)以上就是今天新闻早餐的全部内容,咱们明天不见不散!	6分20秒—6分39秒

可以看到,数分钟的节目信息相当密集,形成了自身特色,具有一定的辨识度。可以借鉴的经验包括:

一是简短有力的声音标识。节奏强烈的开篇或结束音乐、体现栏目特点的精炼口号,甚至是主持人独具特色的招呼语,都可以形成播客栏目的声音标识。如上述“新闻早餐”节目,便设计了“吃早餐,听新闻”“听新闻早餐,知天下大事”

① 详情请见“东方网”“喜马拉雅”主页:https://www.ximalaya.com/album/4519297,2022-2-6.
② 详情请见“东方网”“喜马拉雅”主页:https://www.ximalaya.com/sound/499223335,2022-2-6.

两个点题的栏目口号，交替使用。麻雀虽小五脏俱全。确立识别度高的栏目名称与声音标识，可以贯穿使用于整档栏目中，是值得下一番功夫去设计与制作的。

二是主体部分开宗明义。资讯类短播客无需太多铺垫，直入主题，在有限时间内，尽量将信息传达清晰。要达到这一效果，一方面，不能贪多求全，须严格控制信息数量，重要性、时效性、与听众的相关性等均可作为选择资讯的标准；另一方面，可利用关键词、过渡句进行资讯的分类播报，以利于听众的信息接收。如"新闻早餐"在 7 分钟内，按"头条消息""国内新闻""国际新闻""社会民生新闻"与"文化体育新闻"板块，就当日最具新闻价值的信息进行了安排。除了对"头条"内容进行了 30 多秒的重点关注外，其余短讯均控制在 15 秒左右，着重于对新闻主干的有效传达。

三是结束语需要在极短的时间内，完成对本集节目的总结与下集节目的预告。除了节目内容上的承上启下外，也可再次回应栏目口号，或是鼓励听众关注社交账号进行互动等。

"新闻早餐"另有一档更为浓缩的"速览版"，进一步简化了整体结构，仅由开场与主体两部分组成，时长压缩至 2 分钟内，以便对小微碎片时间的充分利用。以 2021 年 9 月 17 日的节目"新闻早餐速览版"为例，其保留了栏目名称与口号(19 秒)，之后着重播报了一则头条消息(61 秒)，整期节目共 1 分 20 秒。

总的来说，"随身听"播客力求短而精，以可听性、实用性为制作宗旨，栏目定位与目标便是为当下接触过剩信息的听众，筛选与梳理最具价值的资讯，为圈层用户提供最为及时有效的信息服务。

(二) 20—30 分钟的"中篇"播客

较之"随身听"版本，"中篇"播客的信息量成倍增长，在选题上自由度更高，并可以较为充裕地容纳播客主的观点，形成栏目风格，是目前最为常见的适合品牌打造的时长选择。

但需要注意的是，"中篇"播客的体量已达到利用碎片时间的上限，在资讯的总体容量、内容板块的分布与推进、夹叙夹议的节奏把握等诸多方面，都需要更为清晰有序的规划。节目的整体结构可以更为灵活多变，在具体的项目设计过程中，不妨引入"框架式"概念。这种框架式设计的要点主要包括：

首先，主题鲜明。无论是介绍一本书、探讨一个社会热点，还是介绍一款新型摄影器材，所有的知识输出与观点表达一定要围绕着确定主题展开。切忌信马由缰，任由无谓的解说或评论，混淆或分散听众的注意力，一旦听众觉得内容无用或无趣，很容易中止收听或切换节目。

其次，以"倒金字塔结构"迅速吸引听众。"随身听"播客因其极高的信息密度，而采用了干净利落的三段式结构；信息密度较低，但注重观点与表达的"中篇"播客，需要在一开始就营造强烈的收听期待。前30秒至一分钟的信息传达，是至关重要的导入期：可以提炼本集节目的信息精髓，形成"摘要式"导入；或以本集特邀嘉宾为卖点，形成"号召式"导入；或以本集聚焦的现象级事件为引子，形成"热点式"导入。总之，导入阶段需要不遗余力地充分展现本集主题的趣味性、知识的实用性，或是资源的稀缺性，以期迅速激发听众的收听欲。

最后，以议题层层推进，形成完整的逻辑链。有了强有力的导入，具体内容的铺排需要在设定框架中有序推进，设置议题、编写提纲不失为一个极具操作性的做法（见图1-6）。

图1-6 "中篇"播客的"议题"设置

以上三个步骤环环相扣。第一步围绕选题进行背景调查，以获取足够的话题资料。这些资料包括但不限于：事件的前因后果、时间上或地域上与其他事件的关联、事件涉及的相关人物、对目标听众的影响、事件的最新进程与未来走向等。当然，上述资料包的收集与整理并不仅仅局限于新闻选题，可以因题材的不同，适当调整资料的取向与范围，如音乐播客总会介绍相关音乐的创作背景，也会时常穿插些乐坛趣闻；摄影新器材的评测免不了与前代机型就各类参数、性能表现展开比较等。

做好功课、有了足够的背景资料之后，便可以进行第二步——对议题的设置。这里的议题指向一系列帮助听众顺利了解事件、解决疑惑的问题，这些问题由浅入深、由表及里，形成一条贯穿节目的逻辑线索。在"议题"逐一展开的过程中，播客主一方面进行事件的陈述与信息的传达，另一方面加入自己的评价与观点。当然，这一系列问题可通过对前期资料的收集与归纳，以播客主"自问自答"的形式完成，也可以通过与嘉宾的交流得出结论，这便要求有一份把握节目走向与节奏的大纲在手。

第三步的大纲编写类似于"剧本"的构建，其作用在于对议题的发展以及每一议题展开的时间进行框定，从而从整体上把握节目进程。一般而言，"中篇"

播客的体量可以设置约 10 个议题，若是播客主单独制作，可以按部就班地根据既定文本完成节目，或是根据大纲自由补充一些评论与观点；若是邀请嘉宾前来对谈，建议提前将大纲发送给对方，以便嘉宾熟悉议题，做一些思路上的准备。在录制过程中，恰当控制讨论方向、适时切换入下一议题，是播客主的重要任务。需注意的是：在邀请多位嘉宾的情况下，[①]可以事先做好对议题的分配，根据嘉宾的不同背景，适时向各位提出问题。

下面以“矮大紧指北”为例，具体分析不同类型“中篇”播客的结构设计、文本写作以及栏目风格化等问题。

第一，制作背景

“矮大紧指北”是高晓松与蜻蜓 FM 联合出品的音频脱口秀栏目。[②] 整档节目基于高晓松的个人品牌打造而成，卖点在于展示其观点与情绪的另外一面——“高晓松没说的话矮大紧讲给你听”。

“矮大紧指北”的官方微博曾于 2017 年 7 月公布：上线仅一个月，节目的付费用户规模已超过 10 万人，[③]显现出在流量人物的加持下，音频“头部”节目的强大吸引力，以及声音产品知识付费模式的可持续性。

第二，结构与文本

既为脱口秀，高晓松在发刊词中，便以“聊天”为主题为栏目定下了制作基调。每周一、三、五分别以“指北排行榜”“文青手册”和“闲情偶寄”三个专栏展开“家常闲谈”。就结构而言，每期节目时长大都控制在 15 至 20 分钟，通常围绕一个选定主题展开阐述，在预备了一定的背景资料后，设置不同的阶段性“议题”推进文本。下面以“文青手册”中的一集《牡丹花下》（2017 年 8 月 16 日）为例，简要分析此类“脱口秀”的构成。

每周三播出的子栏目“文青手册”定位于“武装到牙齿的文艺青年腔调修炼顶级秘籍。贯穿多个艺术门类，亲历无数文艺人事”。[④] 可见，这一“手册”选题

---

① 音频节目中嘉宾数量以 1—3 名为宜，以免听众只闻其声，不见其人，而产生混淆。

② 详情请见“蜻蜓 FM”《矮大紧指北》脱口秀主页：https://www.qingting.fm/channels/216713，2021-1-19。本书相关图片均来自“蜻蜓 FM”公开资料。

③《矮大紧指北》首月付费用户超 10 万，创行业新高[EB/OL]. 网易娱乐. https://ent.163.com/17/0713/16/CP85MTG9000333J5.html，2017-7-13.

④ 详情请见“蜻蜓 FM”“矮大紧指北”脱口秀主页：https://www.qingting.fm/channels/216713，2021-1-19. 其余周一播出的“指北排行榜”定位于“私人主管排行，评委多达一人自由随性的态度、剑走偏锋的规则，烧脑的条分缕析”。星期五播出的“闲情偶寄”定位于“随心随性的音频版朋友圈大紧生活流水账，胜似老友唠家常。每周与各位知音汇报”。

相当灵活广泛，且主要以“矮大紧”式的经历、感悟与评述完成。《牡丹花下》是一集典型的电影评论节目，其选题背景为女导演索菲亚·科波拉彼时凭该片获得第70届戛纳国际电影节最佳导演奖。大奖之作、名门之后，又是经典翻拍，自然极具话题性。高晓松由“科波拉家族”引入，穿插大量趣闻轶事，对这一文艺世家进行了详细的背景介绍，在此铺垫下，主要针对故事线的设置、人物的刻画展开讨论。

在上述讨论过程中，暗含着一条线索，便是新老版本影片的对照，结合影片原声的插入阐释，节目给出了独到的见解，例如：1971年版的故事构架层层递进，节奏紧凑极具张力，且涉及伦理、宗教等诸多议题。但新版本无论是情节铺排，还是议题设置，都显得过于简化，节奏迟缓，加之在精致场景、华美服饰的“误导”下，仿佛转型为一部脱离战争背景的“时装片”，令影片立意由旧版的深刻转向新版的“柔软”。

整体而言，节目依据传统的文艺批评路线徐徐展开，结构清晰，观点鲜明，其中亦不乏一些“即兴式”的神来之“声”，为节目增添了趣味性，例如对片名《牡丹花下》的解读等。

第三，风格化

作为一档以明星“人设”为支撑点的节目，形成独树一帜的风格是其生存之道。“矮大紧指北”的风格乍一听并不算特别强烈，语速偏慢、略显深沉的声音，带来的是淡然随性的听觉感受。但情至激动之处，高晓松绝不吝啬自己的表达，会以兴奋甚至夸张的演绎去传递情感与观点，也因此留下大量“金句”，被汇编为“大紧语录”。整档节目因为与众不同的观点以及丰富多变的情感，而带上了“矮大紧”的个人印记，给听众一种一边听性情中人闲聊，一边获取知识与快乐的正面激励。

（三）60分钟及以上的“专题”播客

除了上述中短时长的常规播客外，也有一些具有专题性质的节目单集时长在60分钟左右。此类长播客可以是针对某一新闻事件的深度报道，可以就某一实时热点展开充分讨论，或者是在某些节假日或纪念日应景推出的特别篇（special episode）。

当然时长成倍增加，将大大扩充节目的信息容量，同时也数倍提升了制作难度，对于合理的结构搭建及流畅的叙事手法，提出了更高的要求。一般而言，“专题”播客保留了“中篇”播客的主干要素，同时需要一个更为完整的段落式框架：由背景介绍、热点话题等形成引言段，进而带出层层递进的内容段，其间需要找到一条线索平顺串联起各个段落，或以主持人的描述或评论实现过渡，最后以总结、展望及预告收尾。以下以《卢克教你学英语》为例，进行简要分析。

英语教师卢克制作播客已有10余年经验，这档教学类栏目已有700多集节目，且每集时长均在60—90分钟。[①] 要将英语教学做成"深度报道"的体量，确定具有足够发挥空间的主题、设计清晰有序的"议题"线索、设置依次推进的段落，成为组织节目的关键。以第691期《说方言》为例，[②]在一段开场白"暖场"之后，卢克直接抛出了问题式的引言——"你如何改变你的口音？让我们来请教下方言教练"，由此形成本期话题。正式进入节目后，引言再次被细分为两个更具拓展性，且更具操作性的问题——"演员们如何改变口音与方言以应对出演不同的角色"以及"英语学习者们如何由演员的做法中获益"。值得借鉴的是，上述"议题"设置落到实处且方向清晰，明确了本次节目的两条线索，令段落铺排水到渠成。例如：卢克在提出"演员们如何改变口音与方言"的第一议题后，引出作为"方言教练"的嘉宾入场，可想而知，紧跟的段落便是嘉宾的背景介绍，通过双方对谈以阐述什么是"方言教练"以及这一新奇的职位到底是做什么的。嘉宾基于自身的工作案例进行分享，由此循着线索，逐一完成口音标准、方言使用、学习建议等不同内容段落。可以说，卢克的一次节目相当于一堂课，设置有趣且数量合理的知识点，并清晰且流畅地于教学大纲中呈现出来，这是此档长播客的成功所在。

广　播　剧

广播剧(radio drama/audio drama/audio play)是当下不少播客主感兴趣、音频平台也大力推广的制作类型。顾名思义，音频表达和戏剧表演构成了广播剧的两大制作要素。换言之，广播剧是编剧、导演以及演员纯粹借助声音来完成的戏剧类型。只不过这种戏剧最早出现于广播媒体这一舞台上，其名称便一路沿袭下来。

---

① 详情请见《卢克教你学英语》主页：https://teacherluke.co.uk/；"喜马拉雅"也在"教育培训"板块引入了此档栏目：https://www.ximalaya.com/jiaoyupeixun/45175407/，2021-1-25.

② 详情请见"喜马拉雅"《卢克教你学英语》节目页：https://www.ximalaya.com/jiaoyupeixun/45175407/369614616，2021-1-25.

在世界范围内，早期的广播剧有：1921 年美国匹兹堡 KDKA 电台的《乡村教育线路》（*A Rural Line on Education*）、1924 年英国 BBC 的《危险喜剧》（*A Comedy of Danger*）、1933 年上海广播电台的《恐怖的回忆》，以及 1947 年延安新华广播电台的《红军回来了》。在电视媒体没有普及之前，广播剧是大众喜闻乐见的艺术创作形式。

当代主流的广播剧，除了一部分原创作品外，经常是一些热门 IP 的衍生品，下面便以《三体》广播剧为例，探讨如何在视觉元素缺失的前提下，充分运用了对话、音乐、音效等多种声音元素去构建叙事、推进剧情、营造气氛。

第一，制作背景

《三体》为刘慈欣创作的长篇科幻小说系列，由《三体》（2006 年）、《三体Ⅱ·黑暗森林》（2008 年）、《三体Ⅲ·死神永生》（2010 年）构成。“三体宇宙”作为《三体》IP 的开发和运营方，策划了广播剧、动画番剧、时空沉浸展等众多衍生作品。

《三体》广播剧由“三体宇宙”授权，“喜马拉雅”出品，“729 声工场”制作，于 2019 年 12 月首季上线，共分六季，这也是“三体宇宙”开发计划中第一个落地的项目。[①] 至 2020 年 12 月底，《三体》的收听人数已超 5 000 万，是近年来超级 IP 开发在声音领域的成功案例之一。

第二，结构与文本

以小说为蓝本的广播剧本质上属于有声书的范畴，但两者的不同之处在于：广播剧并非大多数有声书那样照本宣科，而需要采用更戏剧化的演绎与更具感染力的表达，因而广播剧制作的首要任务便是结构优化与文本改编。

就《三体》的原著而言，其拥有着宏大的宇宙观与通篇天马行空的情节，极为适合进行声音层面的二次创作，从而给予听众充分的“脑补”空间。加之目标听众主要为科幻文学爱好者，且对原著有不同程度的了解，因而具有改编的扎实基础。但大批“原著粉”的助力，既是项目运作成功的保证，也会带来挑战，任何不当的处理都会导致口碑下滑与粉丝反对，因而忠于原著、审慎改编、还原“名场面”成为底线。

---

① 详情请见“喜马拉雅”《三体》广播剧主页：https://www.ximalaya.com/guangbojv/30816438/，2020-12-23. 本书相关图片均来自“喜马拉雅”公开资料。

除了最初的几集以日更形式完成外,《三体》的常规化制播以周更的频率完成,并将每集时长定于30分钟左右,几近整段听觉注意力的上限。在结构上参照了美剧,制作人与编剧“针对故事整体结构和每一集的内容,进行分割和重组,在最大程度保留原内容的基础上,保证每一集的起承转合,包括铺垫、冲突、高潮、结束的呈现”。[①] 其中有两个关键点值得借鉴:①分割与重组原著,仅保留最精彩、推动故事发展的主要情节,删除了书中不少复杂的场景描述及旁支末节的情节,令故事线更为清晰,且节奏紧凑、张力十足;②参考美剧惯用的“四幕体”结构,在每一集的有限时间内,都注重起承转合的布局。这就使得30分钟的剧情既发挥了整体故事线中的推进功能,又设置了一个内在任务线,即在每一集中都设计冲突与高潮,在幕与幕之间设计转折点,并确保在结尾留下悬念,以吸引听众继续收听下一集。当然,这么做的基础便是第一点所述的合理分割与重组原著文本,以确保每一集情节都保持极高的密度,使得转折及悬念接踵而来。

与此同时,书面文字向声音的顺利转化也非易事。口头语言(声音)的出现与应用,远早于文字,属于人类最原始的交流工具之一,口头语言的出现便声音传达更为简单直接、迅速有效,而文字的优势则在于可反复观看并表达更为复杂的含义。两者迥异的传播路径与特征,使得复杂表达向简单表达的转化需要遵循“一降一升一平衡”的规律(见图1-7)。

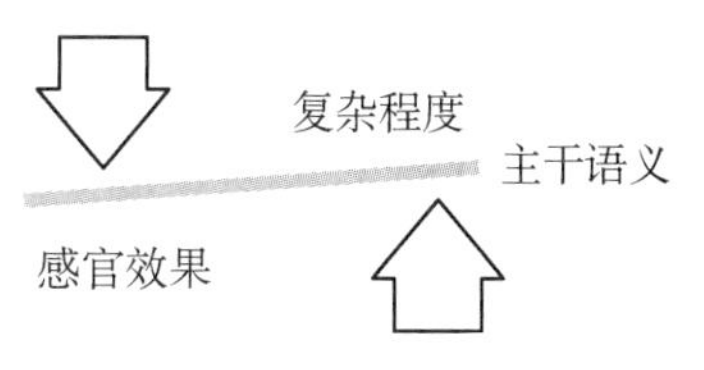

图1-7 文字向声音的转化规律

具体而言,文字向声音的转化规律为:①保留语句的主干语义,平衡书面表达与口头表达的差异;②尽量降低书面文字的复杂程度,在听觉传达上做到清晰明了,一听即懂;③着力增强声音的表现力,用声音符号“形象化”文字场景,综合运用对话、音效、音乐等独特的声音手段,以文字所没有的听觉感染力刺激与愉悦受众。

下面以《三体》广播剧第一季第一集《科学边界》[②]为例,就上述的“一降一

---

① 语境.《三体》IP改编一波三折,为什么广播剧能获一致好评?[EB/OL].刺猬公社,https://36kr.com/p/1725177577473,2020-12-23.

② 详情见“喜马拉雅”《三体》广播剧主页:https://www.ximalaya.com/guangbojv/30816438/,2020-12-25.

升一平衡”规则展开“拉片式”分析(见表1-2)。

表1-2 《科学边界》“拉片”分析

段落	原著梗概	广播剧改编处理	独特表现手法
铺垫 —02:08	【第一章:科学边界】 在不愉快的气氛中,史强“邀请”汪淼参加“作战中心”会议	描绘“邀请”场景,着重设置悬念,以汪淼的疑问“作战中心?那是什么?”埋下伏笔	主要以角色间的对话表现事件、交代人物、推进剧情,场景性描述基本省略 脚步声、门铃等各类音效发挥着重要的场景构建功能(下同)
02:08— 02:30		原著、出品方等栏目声音logo+本集名称“科学边界”	旁白;震撼音效;悬疑风配乐
冲突 02:30— 07:20	“作战中心”中,常将军介绍“战况”	各类激烈的对话交织,构成简报场景;以汪淼的“不过那一次也足够印象深刻了”引发回忆	汪淼的内心独白与常将军的讲述重叠出现;悬疑风配乐
07:20— 08:08	在良湘的工地上,汪淼与杨冬初次相遇	以旁白“杨冬这个名字对汪淼有着不同的意义,那是一年前……”闪回,构成一组戏中戏	在舒缓的音乐中展现闪回片段,对人物进行了小段描述
高潮 08:08— 19:18	杨冬等物理学家的自杀成为“科学边界”组织的疑团。在史强的激将法下,汪淼同意了常将军请他“打入”组织的请求	回忆结束,回到现实。 临行前,常将军提出一连串拷问:人生都是偶然,人类历史也是偶然,令汪淼云里雾里,不知所措,开始追寻答案	遗书内容以杨冬独白的形式出现,着力渲染气氛;铺设密集的悬疑点,引发后续剧情
结束 19:18— 30:43	【第二章:台球】 汪淼拜访丁仪,提及杨冬的死因	完整设计了打台球这一声音场景,并再次闪回了杨冬的遗书;最后以英军上校的话——“生存还是死亡,这是个问题”为结尾,留下疑问,引出下一集	紧迫的对白、急促的音乐与密集的音效营造了紧张的氛围

可以看出,第一集广播剧对前两章进行了合并处理,删除了场景描写与细枝末节,简化了大部分“三体”世界中设定的复杂科学名词与原理,以保证观众对文本的理解程度与听觉流畅性。在“一降”的同时,主干剧情得以完整展现,对白基本没有改动,对于原著文本结构与核心内容进行了程度相当高的平衡与还原。对“一升”的良好处理,为本剧增添了强大的感染力,被称为“电影级听觉

盛宴”。“电影级”这个概念强调的是：通过层次丰富且强烈的听觉要素激发听者的想象，促使听众参与共同构建人物形象与故事场景，并沉浸其中，这是声音艺术的独特魅力所在。在增强声音表现力方面，《三体》广播剧中值得借鉴的一些做法包括：①以强交互的“对话”替代作者视角的“讲故事”。角色间的声音交流占据广播剧的主要篇幅，用以推动剧情发展，结合部分人物独白以阐释内心思想，并辅助以适量画外音补充必要的场景信息。②在更广义的“文本”改编中，设计并添加了声音要素，以强化声音的叙事力与综合表现力。比如，用敲门声代表进场，而关门声代表离开；用冷笑声、“呵呵”声传达人物或气愤或轻蔑的情绪；用或悬拟或紧凑的背景音乐烘托气氛等。这里就涉及对一系列非语言要素以及音乐音效的合理使用。③以不同角色的声音匹配，完成鲜明而有特色的人物声音小传。《三体》广播剧第一季的配音演员已逾 50 人，在“一人一声”的背后，是基于年龄、身份、性格等人物要素进行量身定做的声音角色化处理，如有着“书卷气”的汪淼、有着“痞气”的史强等，这些“匹配”在文字向声音的转化过程中，都是需要事先考虑，并设定妥当的。

第三，风格化

与类型电影相似，声音作品同样有“类型”的概念。这种类型化一方面是文本类型的延续；另一方面，也对声音处理提出了风格化的要求。

作为《三体》的衍生品，其广播剧延续的自然是风格鲜明的“硬核科幻”路线。音质的金属感、配乐的失重感以及明快的叙事节奏，形成了声音呈现的主基调。与此同时，大量具有创造性的超现实声音要素成为一大亮点，诸如电声处理的语音、各类武器与机械声、飞船的轰鸣声等，这些声音设计不由令人联想起《星球大战》等作品。

值得一提的是，在节目播出期间，制作团队根据听众的反馈，对后续文本与声音的处理进行了动态调整，这也是形成互动、深度打造“粉丝剧”不可或缺的一个环节。

第三节　团队与制作可行性

对于如今的音频制作而言，媒体技术的发展、专业硬件的普及、融媒体平台的出现与兴盛，都大大降低了制作门槛，为更多的创作者带来了展现才艺的可能，也为团队组建带来了极大的弹性。无论是电台系统性的PGC制作，还是一人团队的UGC制作，制作规模并不能完全与作品质量形成正比关系，小而美的播客制作并不鲜见。但无论人数几何，分工明确、运作高效是团队搭建的核心标准。

一般而言，整个音频制作团队可以由编导组、声演组、技术组、运营组四部分构成。编导组负责内容的策划与编排、文本的写作与声音化处理、声音演员的选取与指导等所有艺术创作层面的工作；声演组要充分与导演沟通，领会导演的意图，并在声音表演的过程中，突出自身优势，发挥二次创作的能动性；技术组需要熟练掌握软硬件的使用技巧，做好对设备的装配与调试、节目录制与上传、技术保障及器材日常维护等工作。如果涉及室外声音录制环节，技术组需要配备专职的录音师与混音师，完成事先堪景、录制预案的设定、器材的选择、现场收音、后期混制等一系列工作，对于其中的技术步骤与要领会在后续的章节中一一阐释；运营组主要负责节目的宣传与推广、各大平台的对接与引流、社交平台的互动维系、听众关系管理等市场性工作，在融媒体环境下，这一环节对于节目的可持续发展尤为重要。

至于每一组别具体需要多少人手，并无特定的规定，组别间的通力合作、有效推进才是关键，而在某些初创的播客制作中，全部工作“一肩挑”的情况往往是常态。

对于参考本书开始尝试成为播客主的读者来说，这是一个最好的时代。全球范围内，播客听众数量连年上升，黏度也逐步提升，超半数的中国播客听众每天都需要新的内容，①这就对播客节目的制作与贮备提出了极大的供给量。但同时需注意的是：截至2020年底，仅苹果平台上已有170余万档播客、4200余万集节目，但其中活跃播客未达一半，具有10集以上的播客栏目仅占37.79%，仅有一集的栏目也达24.54%。② 这就对越来越多加入播客主队伍的创作者，提出了增强制作韧性、提升制作效率的要求。

持之以恒的艺术创作，并非仅凭一时热情的易事，而更应被视为一种自我学习的过程，这一过程对于学习的能力、动力与毅力都是极大的考验。对于新

---

① 相关数据详见《PodFest China 2020 中文播客听众与消费调研》，https://podfestchina.com/portfolio/podcast-audience-report/.

② 相关数据引自Podcast Industry Insights，活跃播客指在90天内至少有一集更新发布，其他数据详见：https://mypodcastreviews.com/podcast-industry-statistics/，2020-12-16.

手播客主而言，一些事关可行性的建议值得牢记于心：

第一，根据工作、学习的日程，设定合理的制作计划。可由“月更”逐步加速至“半月更”，切勿急躁冒进。一旦计划确定要坚决执行，切忌随意“断更”。持续且恒定的节目周期是吸引听众、建立固定粉丝群的重要因素。对于初学者而言，可以先尝试制作一些短篇播客，勤于练手、持之以恒，熟能生巧是关键。

第二，多看书、多读报、多揣摩学习优秀的节目，延伸知识面，增加知识储备，提高语言敏锐度，因为即便深耕某一垂直领域，音频制作对于语言表述能力都有相当高的要求。

第三，关心媒体技术的进步。时至今日，影音技术的迭代较以往任何时刻都要迅猛，科学与艺术的融合意味着掌握了先进技术便掌握了强大的艺术生产力。音频制作涉及硬件器材、软件操作、网络信息等诸多门类的技术应用，经常浏览并学习相关知识，才能跟上发展的脚步，为艺术创新打下技术基础。

第四，将每一次录制节目的过程，都看作一次自我改进与完善的过程。在反反复复的剪辑工作中，有足够时间对文本转化是否清晰合理、是否存在一些无谓的口头禅或是干扰理解的口语表达、情感是否到位等一系列问题进行仔细审视，并及时改正。

第五，重视听众的反馈。一方面，听众会提供给创作者更多元的观点、更丰富的视角，这对于节目开阔视野、拓展选题、深入思考、精进表达等诸多方面都是大有裨益的；另一方面，思想的碰撞、情感的交流也是艺术创作的乐趣所在。

第六，合理的经费预算以保证可持续性生产。无论是委托制作，还是出于个人兴趣的 UGC 制作，一些必要的花销，包括购买或租赁器材、人员费用、交通费用、平台费用等。团队中需要由专人管理每一次项目的经费预算与支出；如果是个人制作，就需要精打细算，可以在现有的软硬件基础上，逐步升级换代。

本章对于音频节目的策划与设计进行了详细的介绍，从下一章开始，本书将由声学基础开始，逐一介绍音频制作的原理与技巧。

1. 声音产业的融媒体进化表现在哪些方面？具有怎样的积极意义？
2. 声音制作可以分为哪些类型？各有什么特点？

3. 播客的用户画像是怎样的？它的收听场景有哪些？

4. 不同时长的播客项目在结构上有何不同？各自在文本撰写上需要注意什么？

5. 音频制作团队的主要构成与各自职责是什么？

◆ **作品赏析**

请于本书配套云盘中获取：纪实类系列广播剧《我和我的家乡》之《链接》、半纪实类广播剧《援鄂日记》、养宠类播客《喵仙指南》。[①] 收听完毕后，请思考上述节目的结构与文本，有哪些地方值得学习？哪些地方还有待改进？尝试策划并制作一部短播客或广播剧。

---

① 三则作品均为上海交通大学媒体与传播学院电影电视系学生的课程作业。《我和我的家乡》之《链接》由地里阿亚提、旦增玉珍制作；《援鄂日记》由林浩天、沈云譞、王一、钱锦、重田雪华制作；《喵仙指南》由刘志苗、蔡仙京制作。上述作品均提供 MP3 音频文档下载，仅供本书读者学习参考，未经本书作者书面许可，不得擅作其他用途。

第二章

数字音频概论

本章导读

- 了解声音的物理学属性，理解生理学及心理学范畴的声音概念。
- 理解衡量声音的客观量度与主观量度。
- 了解人耳如何捕捉与判断声音信号，掌握音质评价的主要标准。
- 掌握音频信号数字化的流程与技术参数，了解音频编码的分类与特性。
- 了解多声道环绕声系统的原理与标准。

在日常生活中，我们被各种各样的声音所包围，听觉与视觉、嗅觉、触觉等诸多感官共同构成了人类从环境中接收信息，进而做出反应的各条通路。在超越生存价值的基础上，人类亦创造出了基于声音表现的多种艺术形式。早在《吕氏春秋·古乐》中便有记载："帝尧立，乃命质为乐。质乃效山林溪谷之音以歌，乃以麋革置缶而鼓之，乃拊石击石，以象上帝玉磬之音，以致舞百兽。瞽叟乃拌五弦之瑟，作以为十五弦之瑟。命之曰《大章》，以祭上帝。"大自然中的流水、风声、虎啸、鸟鸣等天籁之声，被人类所接收，融合狩猎、耕作、祭祀、庆典等生活经验再制作成乐曲，流传千古。西方音乐亦可以追溯到古希腊与古罗马，诗、乐、舞三位一体的场景呈现在西方的神话、绘画、浮雕等载体中，留下了光辉夺目的印记。

在利用声音这一古老的工具展开艺术创作之前，首先要解答的问题便是：声音到底是什么？

a

b

图 2－1　a:古希腊酒杯内饰:手持基萨拉琴的阿波罗与黑鸟
b:古罗马壁画:弹奏基萨拉琴的年轻妇人

资料来源:a:Apollo black bird AM Delphi 8140, Fingalo/CC BY-SA 2.0 DE. 2021－1－20. b: Wall painting from Room H of the Villa of P. Fannius Synistor at Boscoreale. https://www.metmuseum.org/art/collection/search/247009. 2021－1－20.

第一节　声学基础

一、声音定义

对于声音可以有两个向度的理解。一是物理学上的定义,指"弹性介质中传播的压力、应力、质点位移和质点速度等的变化"。[①] 当敲击重锤或是弹拨琴弦时,这些声源(sound source)的振动会引发气体、液体、固体等多种介质中的某一质点循着中间轴线往复振动,并带动周边质点随之振动,并向各个方向传播扩展,从而形成声波(acoustic wave),直至振动消失为止。二是当声波到达人耳之后,通过鼓膜、耳骨、耳蜗等一系列复杂的传递机制后,最终为大脑所识别,成为人类"听到"的声音,这便是人体生理学乃至心理学向度上对"声音"的定义。

二、声音属性

在描述或衡量声音属性时,通常会涉及以下七个维度,这些维度既包含客观测量,也涵盖主观感受,是我们掌握与运用声音工具最基础的参数。其中的

① 卢官明、宗昉.数字音频原理及应用(第3版)[M].北京:机械工业出版社,2017:1.

一组客观量度包括：

（一）频率（frequency）

频率的概念不仅在声学，也在力学、电学、光学等领域被广泛应用，其基本定义为单位时间内完成周期性变化的次数，用以计量周期性运动的频繁程度。对于声音频率而言，便是指声源在一秒内振动的次数，用符号"*f*"表示。为纪念德国物理学家海因里希·鲁道夫·赫兹在电磁学领域所做出的杰出贡献，频率的单位被命名为赫兹（Hz）。

从低频到高频，声波的频率范围极其宽广，一般可将其分为次声波（infrasound wave）、人耳可辨识的声波（audible frequencies），以及超声波（ultrasonic wave）三个频段（见图 2－2）：

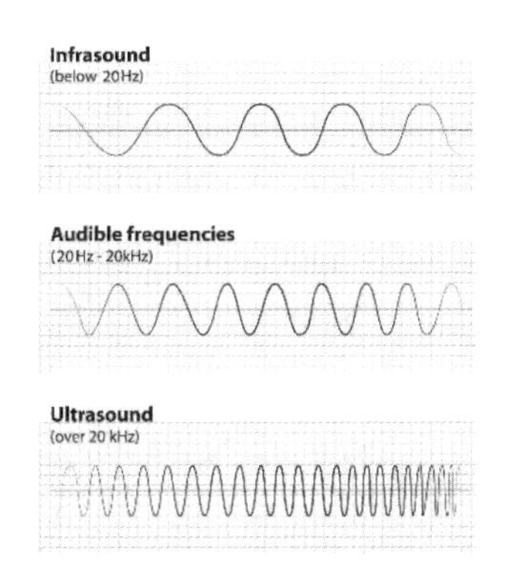

图 2－2　声波的三个频段

资料来源：Abhishek Ghosh What is Infrasound? How Human Reacts to Sub 20 Hz Infrasound?, https://thecustomizewindows.com/2019/05/what-is-infrasound-how-human-reacts-to-sub-20Hz-infrasound/, 2019－5－22.

（1）次声波。在频率低于 20 Hz 的极端情况下，低至 0.001Hz 的声波被称为次声波。遵循频率越低，波长越长的规律，次声波的波长较长，能在较小耗散的状态下绕开障碍物，达至极远的传播距离，且具备极强的穿透力。虽然次声波不能为人耳所识别，但其来源广泛，海啸、风暴、地震、太阳磁暴、火山爆发等自然现象，以及炸弹爆炸、火箭发射、轮船航行等人类活动都会伴有次声波。

（2）人耳可辨识的声波（audible frequencies）。这一频段的声波覆盖了 20—20 kHz，是我们进行声音创作最为重要的"原材料"。在均衡器调节、音频可视化修整、多轨混音等诸多方面都离不开对这一范围波段的处理。不过，随着年龄的增长，人耳对于声音，尤其是高频部分声音的敏感度会有所下降，至 11 kHz 左右。

（3）超声波（ultrasonic wave）。频率高于 20 kHz 的声波被称为超声波。超声波因其方向性好、反射力强的特性，常被用来测量距离与探测物体，被广泛用于医学、工业、军事等诸多领域。

（二）声压（sound pressure）

在声波的传播过程中，传播介质受到声波扰动而产生压强的变化，这种变化可能因为介质的压缩而强于无声波传播时的静压，此时压强差为正，或是因为介质的膨胀而小于静压，此时压强差则为负。上述改变量便是声压，单位为帕(Pa)。声压也可分为“瞬时声压”、某一时间段内最大瞬时值的“峰值声压”，以及一定周期内对瞬时声压多次测量后对时间取均方根值的“有效声压”。

在收音过程中，话筒正是通过对声压的反应来测量与收集声音，人耳对于声压的感知范围亦极为宽广，下限“可听阈”可至 2×10^{-5} Pa，上限“痛觉阈”可至 20 Pa，相差百万倍，但“实验表明，人们对于声音强弱的主观感觉并不正比于声压的绝对值，而是大致正比于声压的对数值”。① 因而引入了声压级(sound pressure level, SPL)的概念以表示声音的强弱，单位为分贝(dB)。表 2-1 列举了一些常见声源的声压级，由最微弱的声音到超越痛阈、可造成听力损伤的巨大声响，形成了声压级广泛的动态范围(dynamic range)。

表 2-1 一些常见声源的声压级

声源		声压级
极度安静	声学实验室内，听力极佳者可听到的最细微声音	0
	听力测定室	10
	树叶沙沙作响/蚊虫飞行	20
较为安静	1 米内的轻声低语	30
	家/安静的房间/鸟鸣	40
适度响声	安静的街道/安静的办公室	50
中度到大声	一米内正常交谈	60
	笑声	65
	3 米距离工作的吸尘器/30 米距离行驶的货运火车	70
	大声歌唱/洗衣机	75
	15 米距离行驶的公交车、摩托车/繁忙的公路	80
	1 米距离工作的食物搅拌器/15 米距离工作的风镐	90
	7 米距离鸣叫的汽车喇叭	100
	1 米距离工作的割草机	107

① 卢官明、宗昉. 数字音频原理及应用(第 3 版)[M]. 北京：机械工业出版社，2017：5.

（续表）

声 源		声压级
引发不适	150 米距离头顶的大型航空器/电锯	110
	1 米距离工作的链锯/锅炉工厂	117
震耳欲聋	30 米距离工作的警报器/风凿/人耳痒阈	120
	30 米距离的飞机/3 米距离的炮火	130
	人耳痛阈	140
引发听力损伤	军用飞机起飞	150
	大型军事武器	180

资料来源：Engineering ToolBox. *Sound Pressure*. https://www.engineeringtoolbox.com/sound-pressure-d_711.html，2020－7－11.

（三）空间位置

天然或人造的声源在立体空间中分布，声源便有了空间定位，声音亦有了在介质中传播的三维路径。设计并实现声音的空间感之前，首先需要了解的是人耳如何捕获及识别声音的空间信息。这里涉及三种基本现象："双耳效应"（binaural effect）、"哈斯效应"（haas effect）、"德波埃效应"（de poher effect），上述现象常常在日常经验中共存，可以综合起来理解。

人类依靠耳朵这一听觉器官来捕捉声音信号，左右耳分别处于头部两侧、且有着一定距离，导致声音到达双耳的时间、声压级，乃至音色等属性都会有所差异（见图 2－3）。具体来说，在时间差方面，除了中垂面上（正前方与正后方）的声音可以同时抵达双耳外，其他方向的声音传播都会产生时间差，声源偏向哪一侧，则哪一侧的单耳先接收到声音信号（先到达之声），且双耳的时间差随着偏向的加大而加大。在此情况下，由于头部的阻隔，两耳接收到的声音亦常常存在声压级的差别，同样是声源偏向哪一侧，则哪一侧的声压级就会较强。"当声源在两耳连线时，声压级差可达 25db 左右"。[1] 双耳间存在的音色差，则主要源于声波的衍射现象（diffraction of sound）。在传播过程中，若声波遇障碍物，部分声波能够绕开障碍物继续前进，这种现象被称为衍射，亦被称为绕射。声波衍射的能力主要与两大要素有关：声音的频率及障碍物的尺寸。频率越低波长越长，衍射能力越强；若障碍物的尺寸小于波长，则声波将绕过障碍

① 卢官明、宗昉. 数字音频原理及应用（第 3 版）[M]. 北京：机械工业出版社，2017：16.

物，传播基本不受阻碍，若障碍物大于波长，则声波在衍射过程中将有较为明显的衰减。偏向某一侧的声源所发出的声音，必然需要绕过头部，才能达到另一侧的耳朵。因而，在声源发出的一段复合音中，不同频率的衍射能力各异，频率低衍射后衰减较小，频率越高的衰减越大，双耳听到的音色便产生了差异。上述几个要素的差异都成为人耳辨别声源空间位置的重要依据。

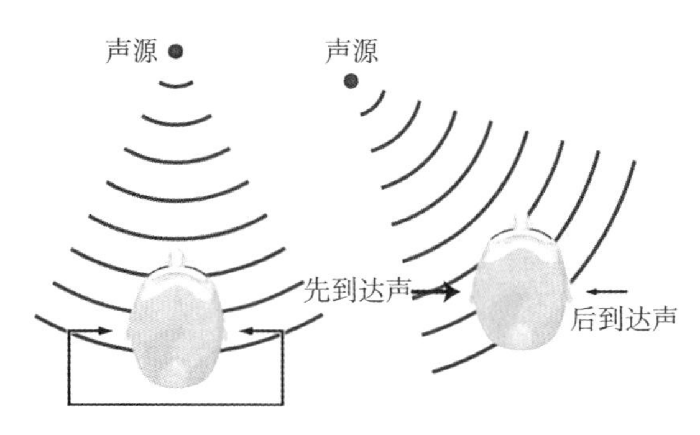

图 2－3 双耳对于声音的接收

资料来源：Hookeaudio. https://hookeaudio. com/what-is-binaural-audio/.

在“双耳效应”的基础上较易理解“哈斯效应”，“哈斯效应”是一种双耳的心理声学现象，指的是人耳在识别直达声及其延迟声（例如反射声）的过程中，因两者间延迟时间的不同，而产生的不同辨识效应。在亥尔姆·哈斯（Helmut Haas）等人的一系列研究中，给出了相关数据支撑：在 50—70 分贝的一般声压级情况下，当先到达之声（直达声）与后到达之声（延迟声）间的时间差足够短，而小于 5 毫秒（millisecond, ms）时，两者将无法被区分而融为一体；当时间差大于 5 ms，而小于人耳的回声阈（ccho thrcshold，通常小于 40 ms，在 5—35 ms 之间）时，人耳只将直达声作为判别方位的依据，延迟声则只能提升直达声的响度；若时间差继续扩大至 50 ms 以上（言语传播的情况下），甚至大于 100 ms（聆听音乐的情况），人耳便能清晰地将两者区分开，后到达之声将会被判定为先到达之声的回声。这种基于先到达声做出的优先判断，使得“哈斯效应”亦被称为“优先效应”（precedence effect），对于立体声环境的设计与建设具有重要的指导意义。一个典型的例子是：剧场中的扬声器大都集中布置于台口上方的音箱桥内，使得声音可以较为均匀地覆盖整个剧场，但这样的设置会带来一个负面效果——前区观众会明显觉得声音来自舞台上方，形成视听觉错位。一个最基本的解决办法便是在台口两侧的较低位置加装辅助扬声器，因为两侧位置较之台口上方距离观众更近，辅助扬声器的声音将首先被观众接收到，从而在很大程度上产生俗称“拉声像”(panning)的效果。

“哈斯效应”探讨的是直达声及其延迟声在声压级相同，但存在时间差情况下的传播与辨别，当两种声音不存在时间差，但存在声压级差时，能影响人耳对声音方向的判别，且声压级差所引起的声像偏移效果与时间差类似，且可以相互补偿或抵消，这便是“德波埃效应”。具体来说，在时间差为零的情况下，人耳对于声音方向的判别偏向于声压级较强的那一侧；当“声压级差在 15 dB 以下，时间差在 3 ms 以内时，它们之间呈线性关系，每 5 dB 的声压级差引起的声像偏移相当于两声音引起的时间差 1 ms 的效果”。① 当声压级差超过 15 dB 时，人耳只将声压级较强的那一侧声音作为判别方位的依据。

可见，声源在空间中的位置，在“双耳效应”“哈斯效应”“德波埃效应”等作用下，受到心理声学的巨大影响，从而产生了一个被感受到的、虚拟的“声像”。这种心理声学位置与实际物理位置往往存在偏差，但这种偏差的存在及其背后的形成原理，能够为我们设计、录制与制作更具空间感与层次感的立体声或舞台整体声音效果提供有力的技术支持及广阔的创作空间。

(四) 时长(duration)

与电影电视一样，不同播放平台、不同节目类型，对于声音作品的时长亦有不同要求。同时，在涉及视音频混合的制作中，保持声画同步是最基本的要求，这当中对时间码(timecode)的合理与准确运用是必须掌握的操作。在之后的录音、混音等章节中，对于声像控制、时间码应用等相关原理与操作将会做详细阐述。

声像与声相

对于上文提及的声像(Pan)概念，可以简单地理解为声源在环境中的位置，更直观地来讲，就是双耳所能辨别的声音方位。

与之容易混淆的概念为声相(Phase)。声源震动后，所产生的声音以波的形式进行传播，任何声波都由一组不同振幅与频率的正弦波叠加而成，因而每一个时间点都会对应在正弦波上的波峰、波谷或波形上的某个具体标度。因此可以用相位来标识某一时刻在声波周期内的位置。又由于正弦波具有周期性

---

① 卢官明、宗昉. 数字音频原理及应用(第 3 版)[M]. 北京：机械工业出版社，2017：18.

特点，可以将一个周期的时间坐标假设为一个圆形，这样相位，即时间点的对应位置都可以用一个角度来表示：那么初始为0°，1/4个周期为90°，半个周期为180°，一个周期为360°（见图2-4a）。

相位的意义显现于多个声波的叠加。当两个或多个声源的相位一致时，声波叠加的结果是一个完整而强化的正弦波；但当相位存在偏差时，则会相互削弱，极端情况下，相位相差180°，即反相时，波峰、波谷相互抵消，叠加起来的声音便会急剧削弱（见图2-4b与c），这种情况在我们设置收音或放音设备时是需要极力避免的。

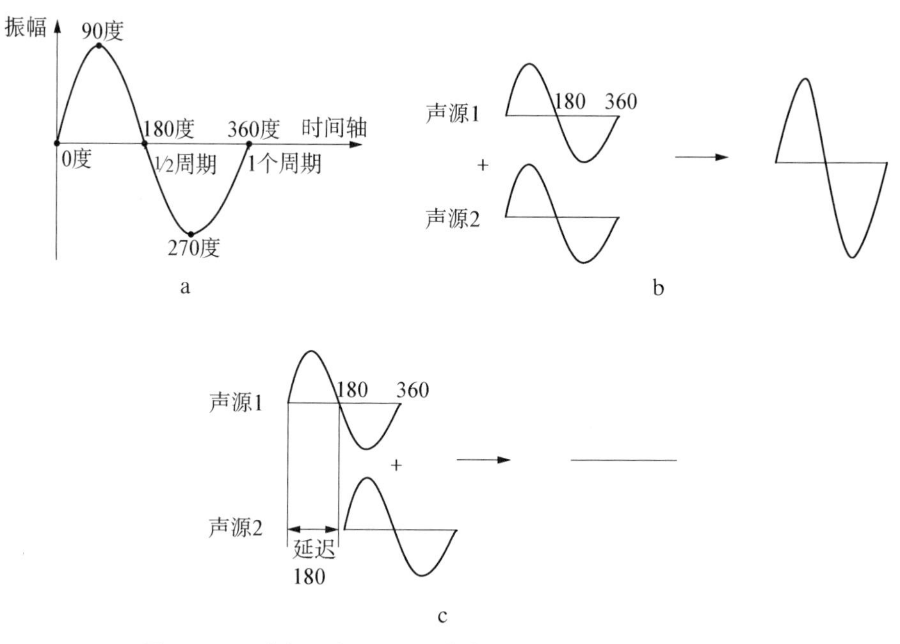

图2-4 a:声相示意图 b:同相叠加增强 c:反相抵消削弱

注：图片改制于：如何理解声音的相位，http://hd199.net/portal/article/index/id/6199.html，2021-4-13.

三、声音属性的主观量度

在描述声音属性时，也有一组主观量度，主要包括：

（一）响度（loudness）

人耳对于声音强弱程度的主观感受称为响度，俗称音量，其计量单位是宋（Sone）。响度与客观量度中的声压级关系密切。一般而言，声压级越大，响度越大，其量化规律表现为声压级增加 10 db，相对应的响度提升一倍。但声压级并非决定响度的唯一因素，声音的频率、人耳的反应与灵敏度，都会改变对响度的判定。按照国际标准规定，频率为 1 kHz、声压级为 40 dB 的纯音，响度为 1 宋，1 宋等于 1 000 毫宋，相当于听阈的 1 000 倍。

就频率而言，人耳对于中频的反应最为灵敏，对于低频与高频的反应灵敏度显著下降，因而在“等响曲线”(equal-loudness contour)[①]中(见图 2－5)，中频部分在相同响度级的情况下，声压级曲线向下凹陷，在低高频的两端曲线翘起。

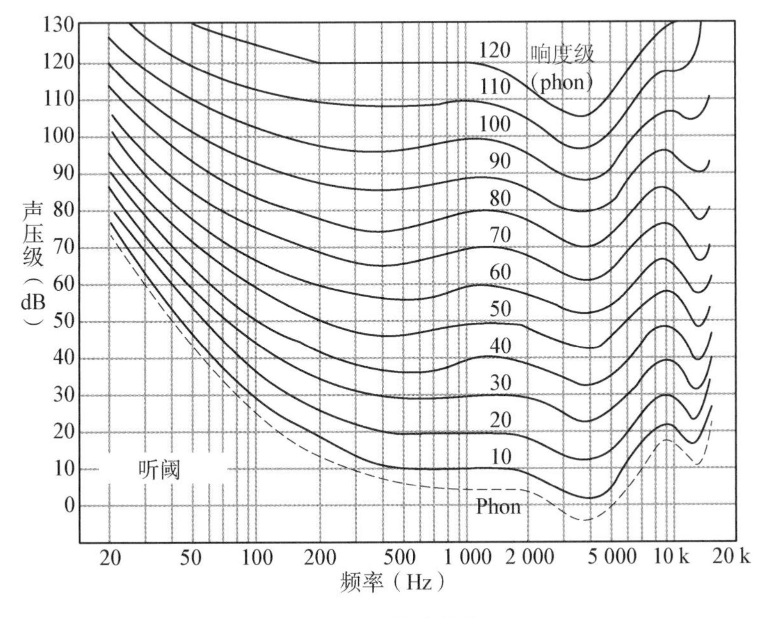

图 2－5　等响曲线

资料来源：Kalafata，Stamatina. *Sound Levels*，*Noise Source Identification and Perceptual Analysis in an Intensive Care Unit*. 10. 13140/RG. 2. 1. 1883. 8487，2014.

在等响曲线中采用的响度级，指的是某一响度与基准响度对比后得到的响度相对量，其计量单位是方(Phon)。频率为 800 Hz、声压级为 0 dB 的纯音，响度级为 0 方；若同样频率、声压级为 40 dB 的纯音，与之对比后响度级为 40 方，

① 等响曲线是衡量与表达听者在接收一个恒定纯音时，所感受到的声压级与频率之间关系的曲线。

依此类推。不同频率、不同声压级、但具有相同响度级的点，连成曲线后便构成等响曲线图。

(二) 音调(pitch)

人耳对于声音高低程度的主观感受称为音调，俗称音高。音调主要取决于客观量度中的声音频率。一般而言，频率越高，则音调越高，频率越低，则音调越低。音调的计量单位为美(Mel)，频率为 1 kHz、声压级为 40 dB 的纯音，为 1 000 美；听觉感受高一倍的音调，则为 2 000 美，依此类推。除频率之外，音调的高低与声音的强度(sound intensity)①有一定的关系，但在不同的频率段表现不一。有研究显示："高于 2 kHz 的声音，声音强度增大时音调升高；低于 2 kHz 的声音，声音强度增大时音调反而降低。"②高音调常给人明亮、空灵、欢快、尖锐等主观感觉，低音调则常给人低沉、雄浑、厚重、粗犷等感觉。

直观感受频率与音调间的关系

前往 https://www.szynalski.com/tone-generator/

通过左右拉动滑块，尝试感受不同频率所带来的声音高低呈现效果。

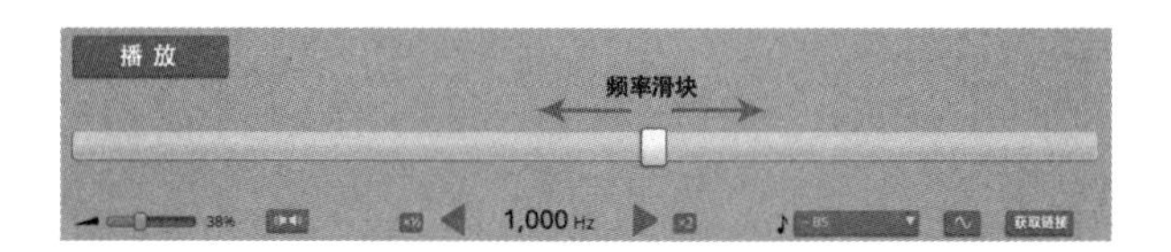

图 2-6 频率与音调调整

(三) 音色(timbre)

音色是人耳对响度与音调的综合感觉，也称为音品。不同的声源在材质、形状、构造等方面各有差异，导致振动的形态各有特点，因而即便发出同样响度与音调的声音，其声音的质地也不可避免地各不相同。例如，不同的乐器、不同的人声，都能够通过音色的差别被辨别、区分开来。

需注意的是，在日常环境中，人们接触到的大多数声音并非单一频率的纯

---

① 声音的强度(声强)：声波传播时携带着一定的能量，单位时间内通过垂直于声波传播方向的单位面积的能量称为声强，其计量单位为瓦/平方米(W/m^2)。

② Lab notes on pitch perception[EB/OL]. https://ccrma.stanford.edu/~serafin/151/notes.html.

音，而是包含多个频率的复合音(complex tone)。复合音中频率最低的纯音被称为基音(fundamental tone)，其余频率的纯音被称为陪音(overtone)，陪音频率通常为基音频率的二、三、四等整数倍，因而被称为基音的第二泛音(second harmonics)、第三泛音(third harmonics)等，依此类推。千变万化的泛音组合形成了不同的音色，带来了和谐悦耳的乐音。

在现行的《广播节目声音质量主观评价方法和技术指标要求(GB/T 16463-1996)》[①]中，对于音质评价提供了八项标准(见表 2-2)，是我们声音制作的全方位技术指南。

表 2-2　音质评价的主要标准

音质评价项目	相关描述
清晰	声音层次分明，有清澈见底之感，语言可懂度高
丰满	声音融会贯通，响度适宜，听感温暖、厚实，具有弹性
圆润	优美动听，饱满而润泽，不尖锐
明亮	高、中音充分，听感明朗、活跃
柔和	声音温和，不尖、不破，听感舒服、悦耳
真实	保持原有声音的音色特点
平衡	节目各声部比例协调，高、中、低音搭配得当
立体效果	声像分布连续，构图合理，声像定位明确、不漂移、宽度感、纵深感适度，空间感真实、活跃、得体

第二节　音频的数字化

在声音信号的记录、编辑、存储、传输等一系列流程中，根据信号物理结构的差异，以及制作技术手段的不同，可以将其分为：模拟音频信号(analog audio signal)与数字音频信号(digital audio signal)。

① 该《要求》于 1996 年 7 月 9 日发布，同年 12 月 1 日实施，标准分类、起草单位等其他主要信息可参见国家标准馆，http://www.nssi.org.cn/nssi/front/3321083.html。《要求》全文可参见本书附录。

一、早期的模拟音频处理

将看不见摸不着的声音记录下来，从来都不是一件容易的事情。最初的尝试来自法国画家与发明家莱昂·斯科特（Édouard-Léon Scott），他于 1857 年为其发明的声波振动记录仪（phonautograph）申请了专利。声波振记仪是目前已知的最早的声音记录设备，其整体模仿了人耳构造，设置了类似耳道、鼓膜及听骨的部件（见图 2－7）。由一个两边开口的小桶模拟耳道，一层柔软的羊皮纸覆盖在小桶开口较小的一端模拟鼓膜，一条轻质的猪鬃充当触针，通过非直接的联动装置与薄膜相连，联动装置模拟了听骨，起到了放大声音的作用。当声音由小桶的另一端传来，振动了薄膜，猪鬃便在联动装置的带动下，在覆盖着油灯灰的黑色玻璃片上划出痕迹。因为猪鬃的运动受制于声音传播时所引发的气压变化，所以留下的痕迹自然成为声波即时性的可视化记录。

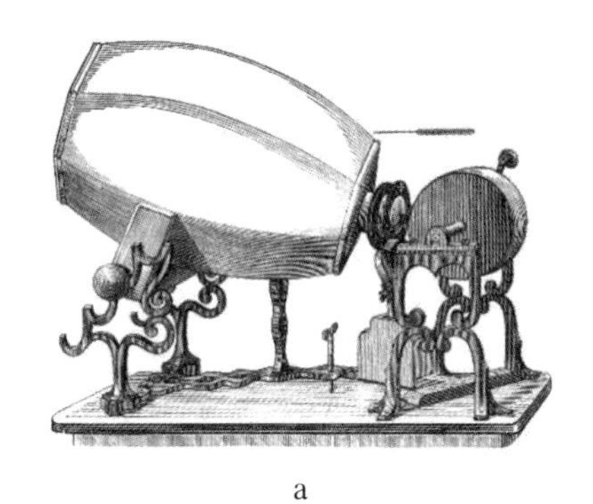

a

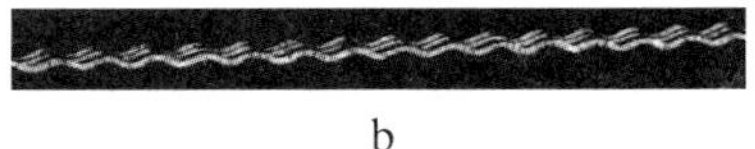

b

图 2－7　a：声波振记仪结构示意图　b：声波振记仪记录下的声波

资料来源：First Sounds. http://www.firstsounds.org/press/032708/images.php. 2021－2－10.

莱昂·斯科特的声波振记仪巧妙地模仿了人耳的工作方式，成功地将声音记录下来。这些可视化的声波条纹对于测量声音的频率、振幅等属性，以及对比不同声音间的声学差异，具有相当的研究价值，但问题在于声波振记仪依然未能实现对声音的回放。直至 2007 年 12 月～2008 年 3 月，一支名为“第一声”（*First Sounds*）的研究团队，通过高精度扫描将声波振记仪留下的声波条纹数字化，并利用软件将光学信息重新转化为声音，使得 150 多年前斯科特记录下的一曲法国童谣《致月光》（*Au Clair de la Lune*）再次回响起来。[①]

另一位探索记录声音的先驱便是大发明家托马斯·阿尔瓦·爱迪生(Thomas Alva Edison),爱迪生因1877年发明了圆筒留声机(cylinder phonograph),被誉为“录音之父”。与斯科特不同,爱迪生将注意力同时聚焦于声音的录制与回放。在改进电话机之时,他注意到了传话器里的薄膜会随着声波而产生振动,由此联想对这种振动的记录与读取,便是声音还原的关键。爱迪生由此发明了一种由金属圆筒及两根棒针为主要部件的录放音机械,金属圆筒由锡纸覆盖,一根棒针负责录音,另一根则负责回放(见图2-8)。当爱迪生对着收音口讲话时,振动的棒针在锡纸上留下相应的划痕,这些固定下来的痕迹又成为了之后回放棒针的运动轨迹。爱迪生由此在留声机上为世人留下了一曲《玛丽有只小羊羔》(*Mary had a little lamb*)。

图2-8　爱迪生与圆筒留声机

原图经部分裁剪。资料来源:United States Library of Congress's Prints and Photographs division. http://loc.gov/pictures/resource/cwpbh.04044/.

在留声机随后的更新换代中,密纹唱片(long playing record, LP)逐渐成为大众最为熟悉的声音载体。时至1962年,飞利浦公司发明了卡式录音带(compact cassette),并在1963年柏林广播展(berlin radio show)之际向欧洲市场推广,这种可以AB翻面,俗称“卡带”的声音载体塑造了全球一代人的回忆(见图2-9)。

无论是唱片,还是卡带,其处理技术与过程都属于模拟音频的范畴,“就是将声音拾取处理后以磁记录或机械刻度的方式记录下来,此时磁带上剩磁的变化或密纹唱片音槽内的纹路起伏变化都是与声音信号的变化相对应、成正比的”。[②] 作为一种早期的声音处理技术,模拟音频在抗干扰性、抗噪声性、储存传输的便捷性与稳定性等方面都存在着技术缺陷,随着数字音频技术的发展,基于数字音频信号进行制作成为当今的主流。

---

① 相关研究过程与报告可参见 *First Sounds* 官方网站:http://www.firstsounds.org/sounds/approach.php.

② 白木、周艳琼.数字化音频技术扫描[J].音响技术,2003(1):13.

a

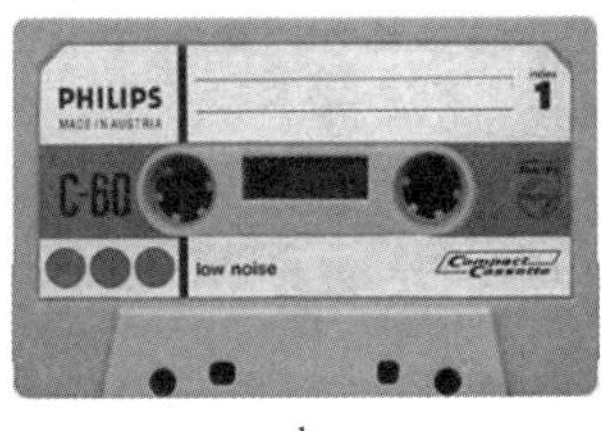

b

图 2-9 a:爱迪生公司推出的密纹唱片 b:飞利浦卡带

资料来源:DAHR. https://adp. library. ucsb. edu/index. php/resources/detail/429. Electrogas. https://www. electrogas. org/2014/03/cintas-compact-cassette-philips. html. 2021-3-16.

二、音频信号的数字化

将时间上连续变化的模拟音频转化为量化的、离散的数字信号,便可获得数字音频。可以将数字音频看作一个由 0 和 1 构成的、在时间上断续的数据序列,在此序列的形成过程中,主要涉及采样、量化、编码、压缩等技术工序(见图 2-10)。

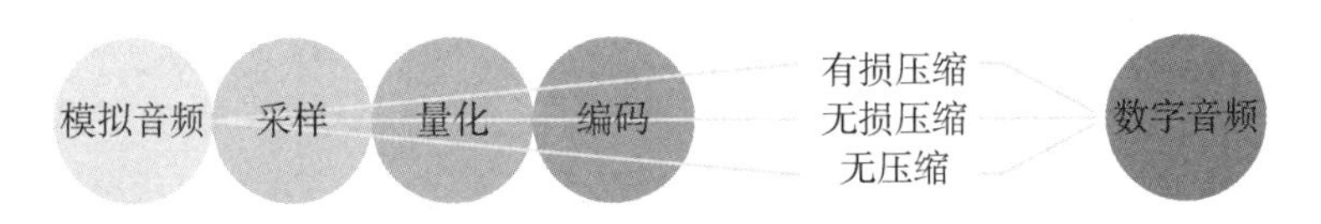

图 2-10 音频模数转化的主要步骤

音频模数转化的第一步便是采样,即模拟音频的离散化信号采集。在连续时间线上,选择一系列特定的时间点,对模拟声波的振幅值进行取样,获得可量化的二进制数值,这一数值序列可以重构出原模拟音频各项的复杂属性。可以看到,采样的频率越高,所获得的信息越丰富,数值序列也就越接近原始信号(见图 2-11)。

根据奈奎斯特极限(nyquist limit),[①]在模数转换过程中,当采样频率大于等于被采样信号最高频率的 2 倍时(fs. max≥2fmax),通过理想低通滤波器

① 奈奎斯特极限又称采样定理,由美国物理学家哈里·奈奎斯特(Harry Nyquist)于 1928 年提出,确定了采样频率与信号频谱间的关系,是连续信号离散化采样的根本依据。

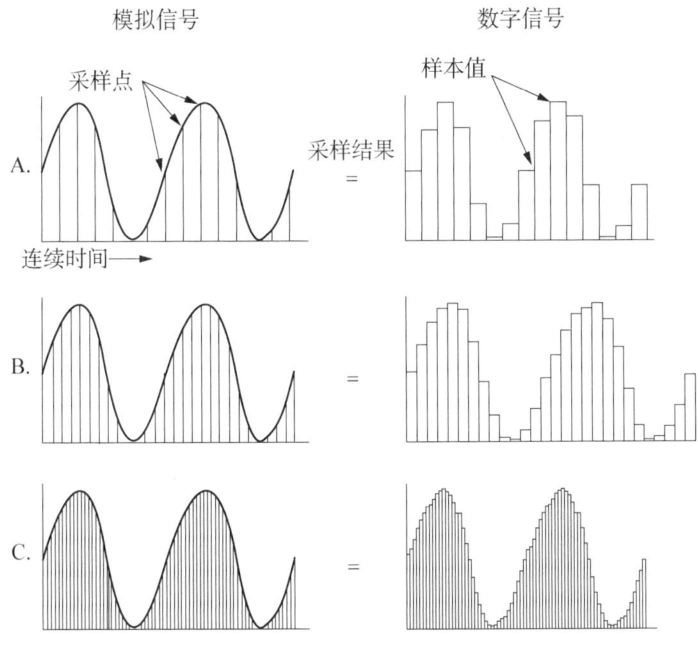

图 2-11　模拟音频的采样

资料来源：iZotope. https://www. izotope. com/en/learn/digital-audio-basics-sample-rate-and-bit-depth. html，2019-7-15.

(low pass filter)，采样得到的数字信号序列便可以完整保留原始信息，即能够不失真地恢复原始模拟信号。对于人耳来说，其通常可辨别频率范围为 20—20 kHz，因而 40 kHz 的采样率成为音乐制作最基本的实践标准。1980 年由飞利浦与索尼共同开发的 CD 光碟(compact disk)，便采用了 44.1 kHz 的采样率，堪称数字音乐的元老级载体。其他一些较低的采样率，例如电话采用的 8 kHz、无线电广播采用的 11 kHz(调幅中波)与 22 kHz(调幅短波)等，都能够满足日常应用。

模拟音频经采样后，其样本幅值仍然是连续变化的模拟量，仍需要对采样值做离散处理，转为有限个幅度值，以便进行数字化处理，这个采样值离散化的步骤便称为量化。量化过程可以归纳为"量化器先将整个幅度划分为有限个小幅度(量化间隔)的集合，把落入某个间隔内的样值归为一类，并赋予相同的量化值"。[①] 量化值以样本大小数值的位数来标记，如 8 位或 16 位(bit)，位数对

① 刘光然主编. 多媒体技术与应用教程[M]. 北京：人民邮电出版社，2013：56.

应着采样精度,量化采用的数位越高,对于声音变化范围与程度的记录就越准确精细。

三、编码

经采样与量化后的信号,还需根据一定格式或协议转换为数字编码脉冲,以最终获得数字信号,这一过程称为编码。1937 年,英国工程师亚历克・里维斯(Alec Reeves)提出了脉冲编码调制(pulse code modulation, PCM)理论,这是一种最基本的二进制编码,较大限度地保留了信号信息,可以获得较高的信号质量,但相应的数据量与文件体积都较大。随着数字技术的发展,一些在高音质前提下实现高压缩的编码技术不断涌现,在声音制作中出现了种类繁多的音频格式,最常见的音频格式包括:

(一) 有损压缩格式。

这一类型均采用较高的压缩率,以音质有所损伤为代价,大幅减少了数据量,以获取较小体积的音频文件。有损压缩格式主要有三种。

(1) MP3(MPEG-1 Audio Layer 3):1993 年问世,其技术特点在于:针对不同的频段,采用不同的压缩率,对人耳不甚敏感的高频信号进行高度压缩,甚至过滤,使得最终文件可压缩至原始音频大小的十分之一,甚至更小。世韩(saehan information systems)公司于 1998 年 3 月推出了全球第一台 MP3 播放器 MPMan,向卡带随身听(walkman)发出了挑战。时至今日,MP3 已成为最流行的音频格式之一,几乎兼容所有的播放设备。

(2) AAC(advanced audio coding):1997 年问世,是基于 MPEG-2 框架发展的编码技术。AAC 支持多声道与最高 96 kHz 的采样率,较之 MP3 格式,可以提供更优的音质,同时压缩率也有所提升,较适合于移动设备进行串流(streaming)。

(3) WMA(windows media audio):1999 年问世,是微软力推的音频格式。其压缩率进一步提升至 1 比 18,最终的文件大小只有 MP3 格式的一半。同时,数字版权保护(digital rights management, DRM)协议成为 WMA 的一部分,可以有效防止盗版等侵权行为。

(二) 无损压缩格式

无损压缩格式又称可逆压缩,与日常操作的文件压缩类似,可以实现压缩文件完全恢复至原始数据的可逆过程。在不过滤、去除原有音频信息的前提下，可以通过优化数据排列的方式来实现有限压缩的目标，但文件大小将会是有损压缩类的数倍。无损压缩格式主要有三种。

（1）FLAC（free lossless audio codec）：2001 年面世，是一种开源的无损压缩格式，可将原始音频压缩至六成而保留所有信息。同时，FLAC 的容错度很高，在部分数据点损坏的情况下，可以静音替代有损部分，保证音频文件的顺利读取，因而受到专业人士的青睐。

（2）ALAC（apple lossless audio codec）：2004 年面世，2011 年转为开源编码，在苹果系列的各类操作系统中得到广泛应用。

（3）APE（monkey's audio）：2000 年面世，在无损的前提下，提供了更高的约五成的压缩率，但其容错度与纠错能力较低，一旦部分数据点受损，整个文件将无法使用。

（三）无压缩格式

由于无压缩格式不经压缩，保留所有原始音频信息，因而常常作为音频工程师存储、传输与转换的母版文件。无压缩格式中，除了 PCM，常见的还有 WAV 与 AIFF。

（1）WAV（waveform audio file format）：1991 年由微软与 IBM 共同开发。WAV 本质上是在 Windows 系统中，对于多样化音频的一种封装，最常见的便是封装 PCM。WAV 可以极高的采样率（高于 192 kHz）与量化值（32 bit）进行音频处理，因而可以保证不失真。同时，WAV 也可内嵌时间码，这对于视频同步合成等后期制作来说大有裨益。

（2）AIFF（audio interchange file format）：苹果于 1988 年为自身系统研发，与 WAV 相似，通常被用于封装 PCM 音频。

你需要哪种音频格式

- 在采集或编辑原始音频时，采用无压缩类格式，以保证在文件的存储、传输，及多人协同工作的过程中，音质不会受损。一旦完成编辑，可利用无压缩的母版文件压缩其他较小尺寸的音频文件。

- 在对于音质要求较高的播放环境中（如小剧场、家庭影院等），一般采用无损压缩格式；在追求便携的播放环境中（如各类移动播放器等），一般采用较小体积的有损压缩格式。

- 根据存储空间决定文件保留的格式。对于无压缩格式而言，音频文件

大小的计算公式如下：[1]

无压缩音频文件尺寸(B)＝采样率(Hz) * 量化值(bit) * 声道 * 时间(s)/8

举例来说，一个2分钟的双声道WAV音频，采样率为96 kHz，量化值为24 bit，则其文件大小为：96k * 24 * 2 * 120/8 = 69 120 KB = 67.5 MB。

对于压缩格式而言，不同厂家在各自开发的音频格式中采用了不同的编解码，在文件传输与解压的过程中，其速度通常以比特率(bps，比特每秒)计算，较高的比特率意味着较好的音质与较大的文件。音频文件大小的计算公式如下：

压缩音频文件尺寸(B)＝比特率(kbps) * 时间(s)/8

举例来说，一个2分钟的MP3音频，比特率为160 kbps，则文件大小为：160 kbps * 120/8 = 2 400 KB≈2.3 MB。

第三节　从立体声到全景声

今天，当我们设置家庭音响系统，或是步入影院，“5.1声道”“7.1声道”“全景声”等概念层出不穷，这些不断革新的技术手段将声音的空间立体感知一步步提升至新的阶段。

一个最基本的概念便是立体声(stereo)。顾名思义，立体声是一种在收录、编辑、回放等一系列过程中，可以重现与展示声源场景立体空间的声音制作体系。立体声的听觉体验与我们的日常经验最为吻合。如果场景中各个方向上的声音只是利用一支话筒进行拾取、用一条声音通道进行记录，后期亦仅用一只扬声器进行回放，那么这样的单声道(mono)声音，自然也就谈不上重现空间感了。

爱迪生发明的圆筒留声机开启了单声道时代，但科学家并不满足于此，他们对于真实还原声音空间的脚步从来没有停止。在1881年巴黎世博会期间，法国工程师克雷芒·阿德尔(Clément Ader)演示了其发明的剧院电话系统

---

① 计算机储存时遵循的计量等级为：8位(bit)为1字节(Byte)，1 024个字节为1千字节(KB)，1 024个千字节为1兆字节(MB)，1 024个兆字节为1吉字节(GB)，以此累计。

(Théatrophone)。阿德尔在巴黎歌剧院(Paris Opera)的舞台上安置了80个电话送话器,通过连线将信息传送至2公里外的巴黎电气展(paris electrical exhibition)的一间套房中,听者凭借两只听筒,可以听到现场歌剧表演,这也成为最初的双声道立体声传输试验(见图2-12)。这种电话传声系统直至20世纪30年代依然在法国运营,在咖啡馆、餐厅,或是酒店,人们可以通过投币获得欣赏音乐的服务。

a

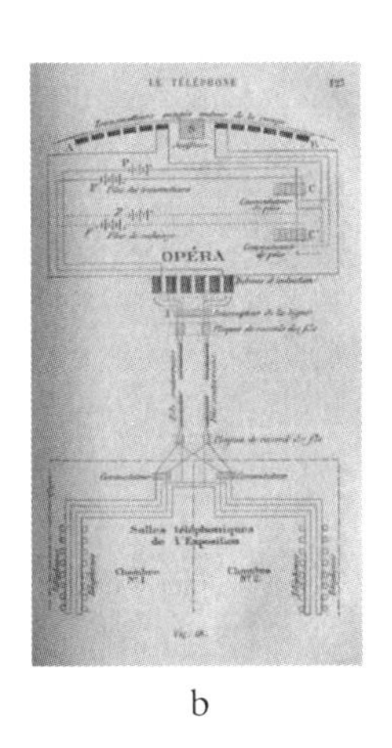

b

图2-12　a:剧院电话系统的宣传海报　b:技术示意图

资料来源:a:Jules Chéret. Artists Rights Society (ARS), New York.

百代唱片公司(EMI)的英国工程师艾伦·布卢姆林(Alan Dower Blumlein)是现代立体声技术的先驱,1931年布卢姆林申请了"声音传输、录制与再现系统的技术改良"(improvements in and relating to sound-transmission, sound-recording and sound-reproducing systems)的专利,这一专利的应用范围逐步覆盖立体声电影,乃至环绕声(surround sound)。

对于现代听众来说,多声道环绕声系统(multi-channel surround sound systems)已是影音娱乐的日常经验。左、右声道加一路重低音扬声器(subwoofer)构成了最基本的2.1系统,再到5.1(左右主声道、左右后环绕声道、一路中置加一路重低音)、7.1(在5.1的基础上添加了左右环绕)(见图2-13),及后续系列。

在上述多声道系统中,各个位置分工明确,共同营造了声音空间感:左右声道承担了大部分的音乐音效输出任务,提供了最主要的方向感,并与画幅内动作(on-screen action)实现空间位置与运动状态的声画一体;中置主要为人物

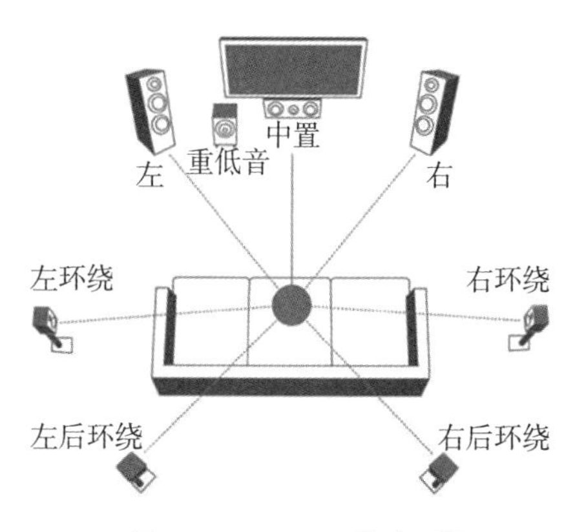

图 2-13　7.1 环绕声系统

资料来源：Digital media services. https://digitalmediaservices. wordpress. com/2010/06/16/toy-story-in-3d-and-dolby-7-1-too/, 2010-6-16.

言语、对白服务；重低音通过制造 200 Hz 以下的低频声，增强声场的整体低音效果，不过由于人耳对频率的感知范围有限，很多轰鸣的重低音通常是被感觉到的而非听到的；各个方位上的环绕声，用以营造完整的声场环境，增强沉浸感，并与画幅外动作(off-screen action)形成声画一体。

在环绕声制作中，几大厂商都推出了自家独特的算法与产品供创作者选择，在此对一些耳熟能详的概念做一些梳理与厘清，以便正确识别与使用。

杜比(dolby)与数字影院系统(digital theater systems, DTS)环绕声：两者是业界最广为应用的两大品牌，两者间的竞争亦由来已久。杜比数字(dolby digital)由美国杜比实验室开发，1992 年上映的《蝙蝠侠归来》(*Batman Returns*)是首部采用杜比数字的商业电影；DTS 的初创者之一是大导演史蒂文·斯皮尔伯格(steven allan spielberg)，1993 年的《侏罗纪公园》(*Jurassic Park*)由此成为首部应用 DTS 的影片(见图 2-14)。

对于两者孰优孰劣的争论一直未有停歇。从技术上说，大部分杜比与 DTS 产品都属于有损压缩格式，基于心理声学运用感知数据压缩技术(perceptual data reduction technique)，保留人耳敏感的高电平部分，而去除了 PCM 信号中的不敏感部分；就结果而言，两者都能提供上佳的听觉体验。对于商业应用，两者也推出了无损压缩的版本，分别为 Dolby TrueHD 和 DTS-HD Master Audio。

a

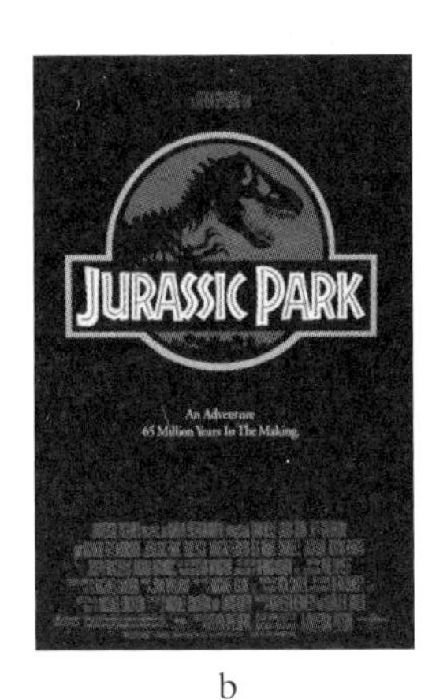

b

图 2-14 a:1992 版《蝙蝠侠归来》海报 b:1993 版《侏罗纪公园》海报

a：资料来源：IMDb 网站，https://www.imdb.com/title/tt0103776/?ref_=fn_tt_tt_6，2019-8-1；b. 资料来源：IMDb 网站，https://www.imdb.com/title/tt0107290/?ref_=nv_sr_srsg_2，2000-3-5

杜比与DTS的主要区别在于算法上的差异。DTS通常采用较高的比特率来进行压制（见表 2-3），但高比特率并不代表音质的绝对提升，杜比则强调自己的编码技术更为高效，因而可在低比特率的情况下仍然获得高音质，考虑到存储大小、信噪比（signal-to-noise ratio，SNR）、动态范围等各项因素，两者表现仍在伯仲之间。

表 2-3 杜比与 DTS 主要格式的比特率

	格式	所支持的最高比特率	是否有损
杜比	Dolby Digital 5.1	640 Kbps	有损
	Dolby Digital Plus 7.1	1.7 Mbps	
	Dolby TrueHD - 7.1	18 Mbps	无损
DTS	DTS Digital Surround 5.1	1.5 Mbps	有损
	DTS HD High-resolution 7.1	6 Mbps	
	DTS HD Master Audio 7.1	24.5 Mbps	无损

索尼动态数字立体声（sony dynamic digital sound，SDDS）：由索尼电影产品公司（sony cinema products corporation，SCPC）推出，1993 年在《幻影英雄》（*Last Action Hero*）一片中首次得以应用（见图 2-15）。

图 2-15 1993 版《幻影英雄》海报

资料来源：Make tech easier. https://www.maketecheasier.com/dts-vs-dolby-digital/, 2017-8-14.

SDDS 致力于影院环绕声方案的解决，采用 5 组幕前声道、2 组环绕声道、1 组重低音声道、4 组备用声道进行声音空间的构建，以及采用 2.2Mbps 的比特率进行压制。

THX(tomlinson holman experiment)：与上述声音技术方案不同，THX 是一套影音播放设备与播放环境的认证标准。THX 由卢卡斯影业(Lucasfilm)制定，针对家用及商用场景，就诸多环节制定了完整的品质规范，诸如影院的银幕亮度、均匀度、反差级、声压、声频响应、隔音条件，家庭环绕声系统的音色平衡、包围感、空间感等。值得注意的是：THX 并未设定允差，达到或超过最低要求才能获得认证。

随着环绕声技术的不断发展，听众对于进一步细化声道分布、精准再现声源空间，提出了更高的要求，全景声应运而生。杜比公司的全景声产品 Dolby Atmos 首次于 2012 上映的《勇敢传说》(*Brave*)中亮相(见图 2-16)。

图 2-16 2012 版《勇敢传说》海报

资料来源：IMDb 网站，https://www.imdb.com/title/tt1217209/?ref_=fn_tt_tt_1,2018-1-8

杜比全景声影院在原有 5.1 及 7.1 的基础上，通过添加置顶扬声器(in-ceiling speakers)，突破性地将声道播放与音频对象(objects)结合起来。一方面，“将特定音效视为独立实体，创作者可在影院三维空间的任意位置精确地部署和移动此类对象，而不会将其限定于特定的声道”。[①] 其结果便是声音得以演化成为带有三维空间位置、并能展现位移过程的对象；另一方面，相对于背景音乐、环境音效等传统声道元素，引入了基于声道的音床(beds)这一制作概念，音床“可对多达 128 个音轨(9.1 音床以及多达 118 个

① 从声道中释放音效——杜比全景声(dolby stmos)概念[EB/OL]. 杜比官方网站，https://www.dolby.com/cn/zh/technologies/cinema/dolby-atmos.html.

音频对象)进行封装”。[1] 上述技术创新大幅提升了影院声源空间再现的真实性、精准性与完整性,也大大增强了沉浸感。在杜比全景声家庭影院的设置中,置顶扬声器,或是安装更为便捷的上发声扬声器(up-firing speakers),同样将有限空间内声音呈现的解析度与层次感推升至新的高度(见图 2－17)。

a

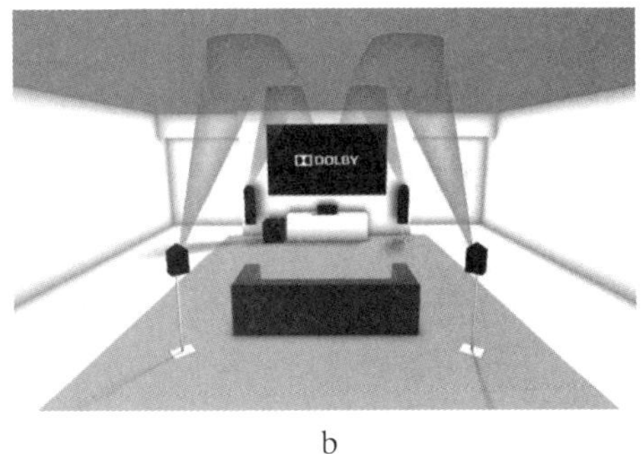

b

图 2－17　a:杜比全景声影院系统　b:采用上发声扬声器的 Dolby Atmos 7.1.4

资料来源:杜比全景声影院音效介绍视频,https://www.dolby.com/cn/zh/technologies/cinema/dolby-atmos.html,2018－3－28.

DTS 于 2015 年推出了其全景声产品 DTS:X,与 Dolby Atmos 同样采用了基于音频对象的编码技术。但 DTS:X 在设置上更为灵活,并不强制需要置顶或上发声扬声器,亦不受扬声器固定位置的约束,用户可根据自身环境灵活设置扬声器系统。DTS:X 的自动校准与基于对象的环绕声处理器(auto-calibration and object-based surround processor),能够对声音表现进行优化。

全景声开启了声音制作的新纪元,但这仅仅是又一个起点,对于身临其境、撼动人心的声音再现,科学家的脚步永不停歇,这也必将为创作者提供更多、更强大的工具,以谱写声音艺术的新篇章。

本章思考

1. 衡量声音的客观量度有哪些?它们如何影响人们听觉的主观感受?
2. 人耳在捕获及识别声音的空间信息时,遵循哪些基本规律?

---

① 杜比全景声(dolby atmos)如何施展其魔力[EB/OL]. 杜比官方网站,https://www.dolby.com/cn/zh/technologies/cinema/dolby-atmos.html.

3. 音频信号数字化的基本流程是什么？怎样才能获得音质良好的数字音频信号？

4. 什么是多声道环绕声系统？它的系统组成是什么样的？

5. 什么是全景声技术？它的技术突破在哪里？

◆ **扩展阅读**

请于本书配套云盘中获取：《杜比全景声白皮书》(*dolby atmos-white paper*)、《杜比全景声影院技术指南》(*dolby atmos-cinema technical guidelines*)、《杜比全景声家庭影院指南》(*dolby atmos-for the home theater*)。[①]

① 所有 PDF 文档均为杜比公司历年的公开资料，更多详情请浏览杜比官方网站：https://www.dolby.com/.

第三章

数字音频设备及选配

本章导读

- 了解数字音频制作中所涉及的基本功能单元及其相关设备。
- 了解声音制作的基本场景，掌握不同技术量级的软硬件选配。
- 了解并掌握搭建播客工作站的方法与技巧。

在深入理解了声音的基本属性及其数字化原理与流程后，正式进入声音制作环节。工欲善其事必先利其器。搭建合理高效、运作稳定的软硬件平台是展开工作的重要基础。

音频软、硬件种类繁多、品牌各异、参数复杂，且随着媒体技术、数字技术的迅猛发展，众多厂商的产品可谓高速迭代、日新月异。学会有效完成对各类软、硬件的识别、选择、组配与调试，是每一位声音制作人的基本功。

第一节　基本功能单元及设备

由 19 世纪斯科特的声波振记仪与爱迪生的圆筒留声机开始，声音录制设备在迈向小型、轻便、高效且具有更好音质的道路上不断前进。进入数字化阶段，最为明显的变革在于前所未有的设备便捷性、界面可视性、操作简易性、品质优异性及成本可控性，这使得更多人得以进入日常的，甚至是泛专业领域的各类声音制作领域，享受制作与分享声音的乐趣。

声音爱好者、熟练播客主，乃至职业团队可以凭借不同技术等级的数字设备，展开不同目的、不同性质的工作。一般而言，音频软硬件涉及最基本的五大功能单元：拾音单元、混音单元、录制单元、编辑单元、监听单元，并在各自类别下发展出形形色色的产品。

一、拾音单元

通常意义中的拾音设备便是话筒，也称为麦克风、传声器等，其核心功能便是将声音信号收集、转化为可供进一步处理的电信号，或是数字信号。话筒可以说是种类最为丰富的音频硬件，对最常见的话筒按不同标准进行简要分类，见图3－1)。

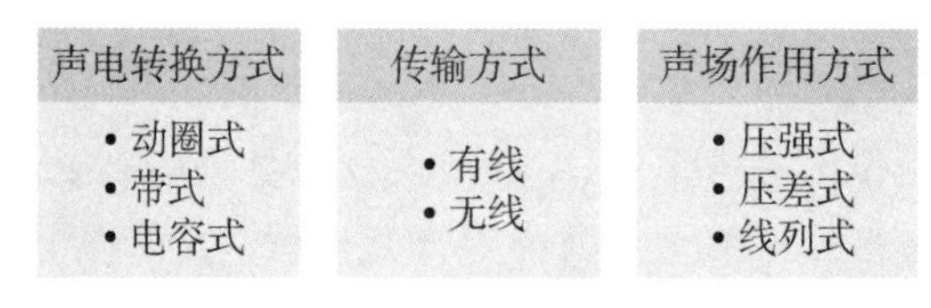

图3－1 话筒简要分类

下面就声电转换方式分类下的不同话筒属性进行重点介绍。

(一) 动圈式话筒(dynamic microphone)

工作原理：动圈式话筒主要由振膜、磁铁、线圈三部分构成。当振膜受到声波压力而发生振动时，带动线圈在磁场中切割磁力线，由于电磁感应，产生相应的电动势变化，由此将声音信号转化成电信号(见图3－2)。

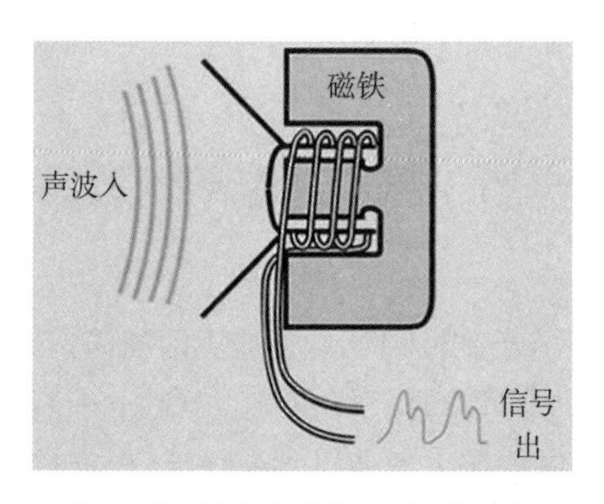

图3－2 动圈式话筒主要工作原理

工作特性：动圈式话筒构造简单、结实耐用，因为依靠一定的机械结构完成信号转化,所以不需要额外配置供电,大音量下也不易因过载而失真,但轻便度与灵敏度有所降低,瞬态响应不够良好。

(二) 带式话筒(ribbon microphone)

工作原理:带式话筒的结构与动圈式话筒类似,但线圈由金属箔带所替代,同样通过电磁感应产生相应的电动势变化,完成信号转换(见图 3-3)。

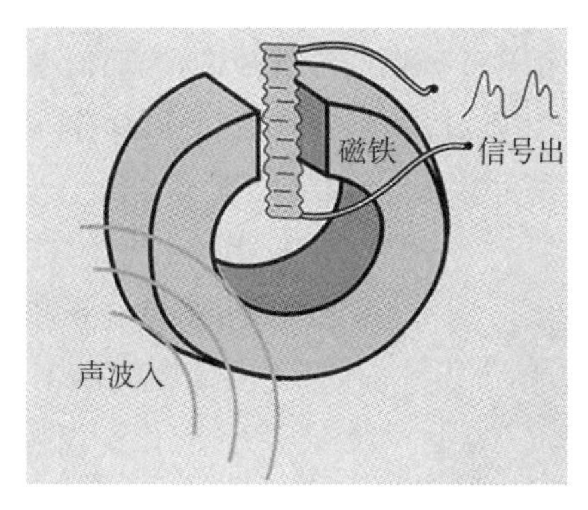

图 3-3 带式话筒主要工作原理

(三) 电容式话筒(condenser microphone)

工作原理:当声波进入电容式话筒后,振动金属膜板,使得金属膜板与背板间距随振动而不断改变,两者间的电容相应发生变化,电容器内电荷量的变化进一步在电阻上产生电压变化,由此实现声音信号的转换(见图 3-4)。

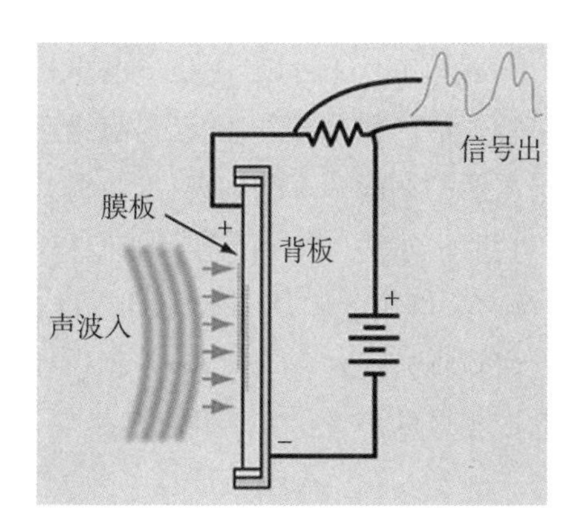

图 3-4 电容式话筒主要工作原理

工作特性:电容式话筒反应灵敏,有快速而平滑的瞬态响应,是被广泛使用的话筒类型，但结构复杂，较为脆弱，大音量下容易由于过载而失真，且需要幻象电源（phantom，常见为24伏与48伏）进行供电。

（四）硅基话筒（MEMS microphone）

硅基话筒基于微机电系统（micro-electro-mechanical systems，MEMS）制作而成，将电容器直接集成于微硅晶片上，传统电容式话筒中的金属膜板与背板由此转化为硅振膜与硅背极。硅基话筒本质上是电容式话筒的新形态，但体积大幅缩小，且能保证相当的灵敏度与抗噪性，因而对手机、平板、音箱等智能设备的需求量迅速增长。与此同时，硅基话筒可以内嵌模数转换器（ADC），直接输出数字信号，成为真正意义上的数字话筒。

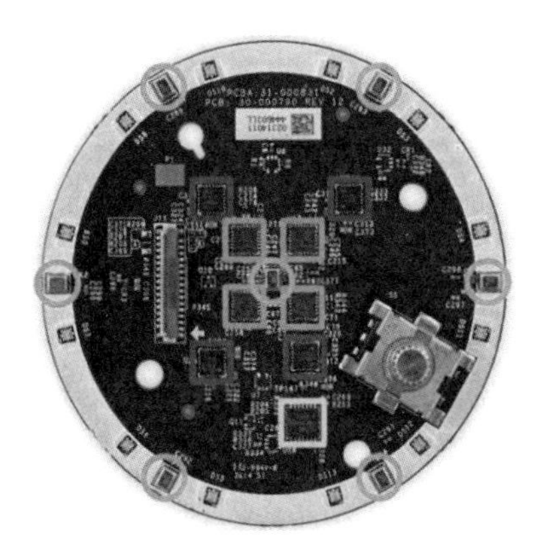

图3-5 亚马逊Echo智能音箱所使用的“1+6”MEMS话筒阵列①

硅基话筒通常以“1+N”的阵列（microphone array）形式加以应用：在相隔主话筒一定距离的不同位置设置多个副话筒，一方面可以实现声源定位；另一方面，副话筒能够检测环境噪声，并从最终语音输出中予以去除，有效提升音质（见图3-5）。

除了上述几种类型外，还有压电式话筒（piezo microphone）、碳粒式话筒（carbon microphone）等（见图3-6）。压电式话筒利用了某些电介质（如罗谢尔盐、磷酸双氢氨等）的压电效应，当膜片振动引发晶体形变时，形成相应的电压变化，从而完成声音信号的转化。与一般电容式话筒相比，压电式话筒只含有振膜，而不设背板，杜绝了水汽或空气颗粒进入两层之间情况的出现，有效提升了话筒的耐用度与可靠性。碳粒式话筒于20世纪初真空管电子放大器流行前，被广泛应用。振动膜片间填充满炭精粒，当声波作用于膜片，其间的炭精粒受到挤压而引发膜片间距的变化，声压越大，炭粒被挤得越紧，膜片间距越小，电阻随之变小，而电流增大，反之亦然，由此完成相应的声音信号转化。

① 亚马逊Echo智能音箱采用七个S1053 0090 V6 MEMS话筒组成阵列，并与云端语音服务平台Alexa相连。用户通过语音与设备交互并获取相应服务，包括音乐播放、回答问题、设置闹钟等。详情可参考：https://developer.amazon.com/en-US/alexa.

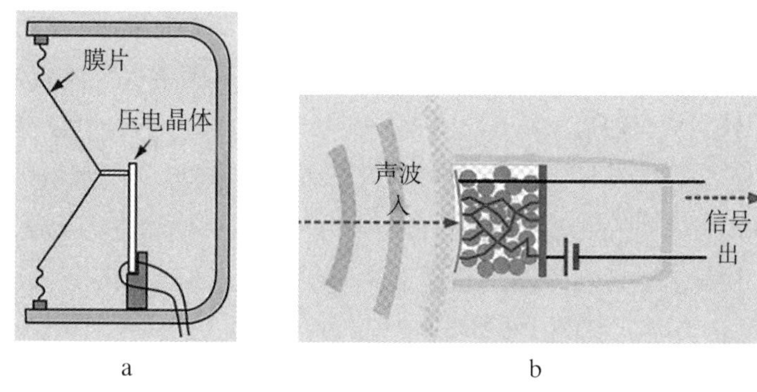

图 3-6 a:压电式话筒 b:碳粒式话筒主要工作原理

二、话筒的主要参数

同时，需要掌握话筒的一些主要参数，这些性能指标通常会在产品手册中被明确标出，这是帮助我们在不同应用场景中准确选择器材的关键。主要包括：

（一）指向性（directionality）

指向性代表着话筒对于不同方向声音的响应能力，可以先从简单的示意图表来理解话筒的这一属性（见表 3-1）。①

表 3-1 话筒指向性示意简图及可容角度（3 dB 以下）

指向类型	全指向型 omni-directional	心型 cardioid	超心型 super-cardioid	强心型 hyper-cardioid	双指向型 bidirectional
指向与可容角度	0° 180°				
	——	120°	100°	90°	90°

注：可容角度，亦称最大收音角度，指话筒在拾音过程中，灵敏度未被削弱超过一定量的拾音角度，这个可容度一般设定为 3 dB，可容角度以外的声音将无法被清晰、有效地收录。

见表 3-1 所示，实线圈形标识出了话筒的收音范围。阴影面积标识出了话筒的可容角度，可以清晰地看到不同的指向类型，对于不同方向、不同范围的

① 相关数据引自“铁三角”官网，同一指向类型、但不同品牌或不同款式的话筒，在可容角度等方面可存有差异。详情可见：https://www.audio-technica.com.cn/index.php?op=defaultTpl&tpl=pattern&m=s.

声音有着截然不同的响应能力。

全指向型话筒几乎在所有方向上都具有相近的灵敏度，这意味着它可以从整个环境中较为均衡地拾取所有声音，因而常常被用于对空间环境声的收录，或是对移动声源的覆盖，演讲者所佩戴的领夹式话筒通常属于这一类型。但全指向型同样意味着无法排除不必要的噪声，在很多设有目标对象的收音场景中便失去了适用性。同样需要留意的还有：①全指向型话筒对于极高频声音，会出现单指向型倾向；②话筒因为本身的物理存在，会遮蔽后方传来的较短的高频波长，故而话筒的物理直径越小，对后方的遮蔽越不明显，则越接近真正意义上的全指向型。

较之全指向型，其他类型属于有指向型话筒，拥有不同属性、不同程度的定向拾音能力。

心型话筒对于面对话筒方向的声音，响应最为灵敏，两侧减弱，直至后方可以忽略不计，从而在拾音示意图中显现出心型图例。这种拾音属性使其能够有效捕捉前方的目标声源，而排除其他方向不必要的杂音。在舞台、现场拍摄等场景中被广泛应用。

需要补充的是：在心型及其他指向型话筒上存在"邻近效应"。当话筒非常贴近声源时（如 5 厘米左右），低音频率响应会有所增加。若合理利用，可以获得饱满而朴实的声音质地；当然，过近距离的收音，也需要注意齿音放大或喷麦等问题。因而大多数心型话筒，会设有高通滤波功能，也称低频切除或低切，用以减弱某一频率以下的低音，从而有效抑制低频噪声及邻近效应；与低切开关并列的往往还有预衰减开关，用以拾取大声压级的声源，保证收录不过载（见图 3 - 7）。

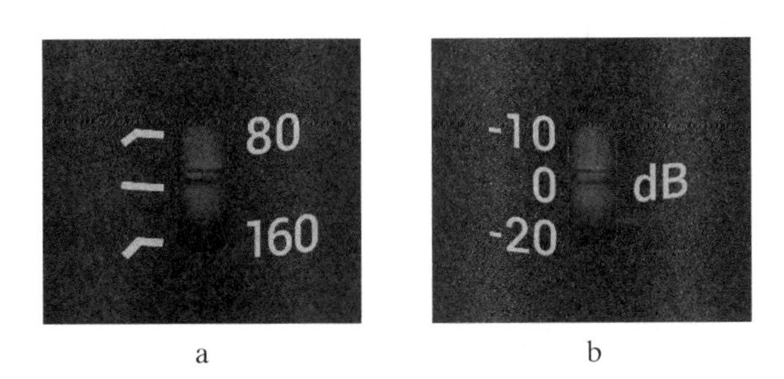

图 3 - 7　a：话筒低切开关　b：话筒预衰减开关

注：此为 sE Electronics 出品的 sE8 话筒。详情请见：https://www.sohu.com/a/156922681_154296，2021 - 4 - 6.

超心型与强心型在心型的基础上，进一步减小了可容角度，其显著效果便是给予话筒侧方的声音尽可能的隔离。换言之，当超心型与强心型话筒指向目标声源时，轴线外的干扰将被最大程度地消减，这也使得它们成为在嘈杂环境中进行收音的必然选择。需要注意的是：超心型及强心型对于侧方噪声的抑制与排除更为有效，对于后方及侧后方也会有一定的频率响应。

双指向型被形象地称为“8 字型”，在 0°与 180°的位置具有相同的灵敏度，在两侧的 90°和 270°的位置趋近于无，因而常被用于布鲁姆林（blumlein）立体声收音。当然，立体声收音手段多样，使用心型话筒亦可实现，具体设置在随后的章节将详细讨论。

必须留意的是：上述示意简图针对不同话筒的指向型与拾音范围，进行了平面剖析式的图解，而话筒的实际工作范围是一个立体空间的概念；同时，不少高性价比的话筒产品具有指向型切换功能，即通过简单的拨片开关，可在不同形态间迅速转化（见图 3－8）。

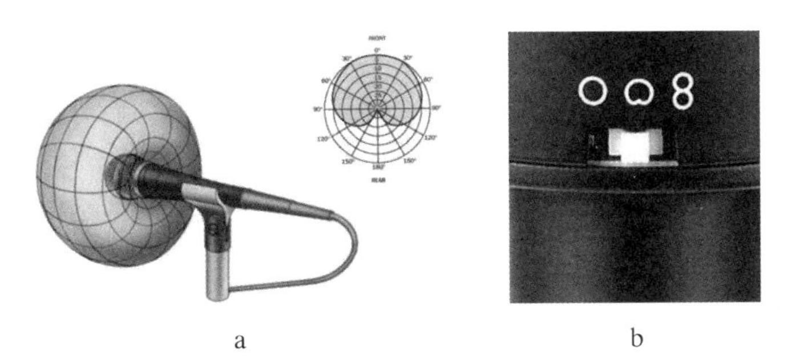

a　　b

图 3－8　a：话筒拾音的空间概念　b：话筒的指向型切换开关

注：此为“铁三角”AT2050 多指向型选择式电容话筒的切换开关。详情请见：https://www.audio-technica.com.cn/index.php?op=productdetails&pid=509&cid=31&sid=54，2021－4－5.

（二）灵敏度（sensitivity）

灵敏度指话筒对于某一标准声学输入的电气响应，简化理解便是代表着话筒的拾音能力。核定灵敏度的标准输入信号，一般采用 94 dB 声压级或是 1 帕的 1 kHz 正弦波，话筒在此输入激励下产生的输出信号幅度即为灵敏度。模拟话筒的灵敏度以 dBV 或 mV/Pa 为单位；数字话筒的单位是 dBFS，以相对于数字满量程的分贝值来标注。这里，需注意两个问题：一是话筒灵敏度通常为负数值，①绝

① 若话筒在 1 帕声压的输入激励下产生 1 V 输出电压，则标记话筒的灵敏度为 0 db。通常话筒输出电压为 mV 级别，因而以 1 V 为基准得出的相对值即为负数。

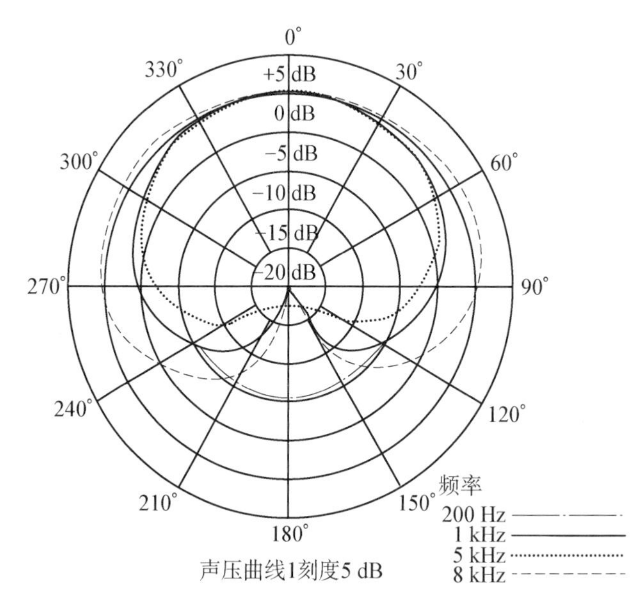

图 3－9 铁三角 AT4021 心型指向型话筒的极坐标图

如何看懂极坐标图

在话筒的产品说明中常会带有一张阐明指向型的极坐标图。收录话筒正前方（0° 位置）声源，标记为0dB。保持同一声源，转换一定角度后，再次拾音，获得另一灵敏度数值。对于不同频率的声音，会有不同等级的响应。如图3-9，90° 位置对于1kHz会有5dB的衰减，而对于更高频的8kHz则保持与0° 同等的灵敏度。完成360° 测试后，形成完整的坐标曲线。

对值较小的灵敏度较高，比如 － 35 dBV 的灵敏度高于 － 45 dBV；二是话筒灵敏度不可一概而论地认为越高越好，灵敏度高也会带来噪声过多等问题，不同灵敏度需要配合不同的场景应用。

(三) 频率响应(frequency response)

频率响应代表着话筒反应的声音频率范围，通常通过响应曲线来描述话筒在整个频谱上的敏感度水平。在观察响应曲线时，较为平顺的曲线表示着该支话筒对于所有频率的敏感度相当，整体输出水平稳定，能够较大程度地还原声音的本色。有些话筒可以对特定频率产生较强烈的响应，被用于特定场景下的声音强化。同时在响应曲线上可以看到：当开启低切功能后，低频部分会出现显著的抑制效果（见图 3 － 10a）；离话筒越近，邻近效应越强烈（见图 3 － 10b）。

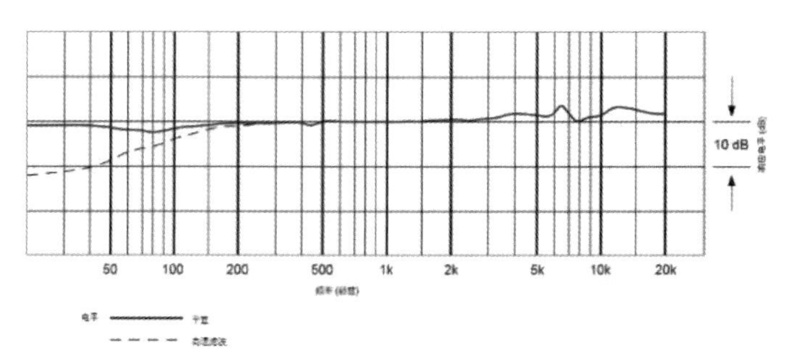

a

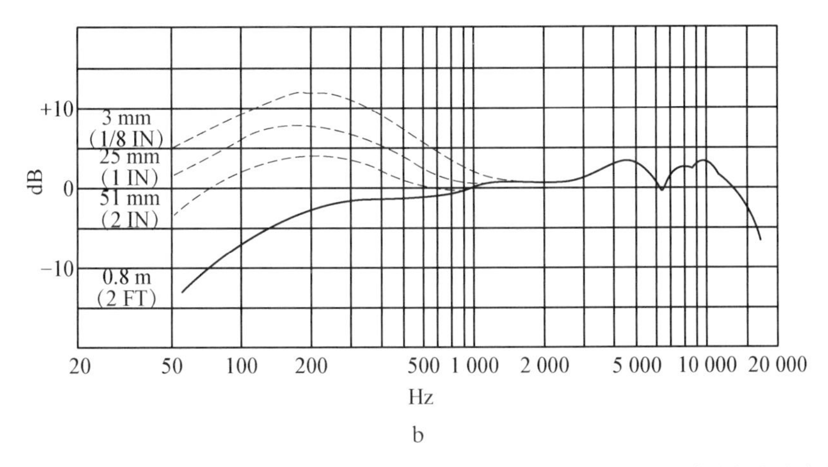

图 3－10　a:铁三角 AT4021 的频率响应曲线　b:舒尔 BETA57A 动圈话筒的频率响应曲线

注:关于铁三角 AT4021 话筒的详细介绍请参考本章电子资源或铁三角官网:https://www.audio-technica.com.cn/index.php?op=productdetails&pid=510&cid=31&sid=54,2021－4－10.关于舒尔 BETA57A 话筒的详细介绍请参考本章电子资源或舒尔官网:https://www.shure.com.cn/zh-CN/products/microphones/beta_57a,2021－4－10.

(四) 动态范围(dynamic range)

话筒的动态范围涉及最大声压级(Maximum SPL)与等效噪声(equivalent input noise, EIN)两个概念。最大声压级有时也被称为最大承受声压(maximum input sound level),标志着该话筒的声压承受上限,超过上限的信号会由于过载而失真;等效噪声则代表着话筒未有任何外界输入时的自身电路输出,因此亦被称为本体噪声,如果声源声压低于等效噪声值就无法被收录。因而,最大声压级与等效噪声决定了话筒收音能力的上下界限,两者之间的差值便是动态范围。如铁三角 AT4021 话筒标注了 146 dB 或 156 dB(带 10 dB 预衰减)的最大声压级,以及 14 dB 的等效噪声,则其动态范围便是 146－14＝132 dB。一般而言,动态范围越宽广,话筒的应用场景越丰富,既能够适应打击乐器等高声压场景,又能够在低声压场景中保留较好的拾音细节。

(五) 信噪比(signal-noise ratio, SNR)

信噪比为信号输出与噪声水平的比值。在话筒的工作过程中,声音被转换为电信号,但同时会产生一些原声音信号中并不存在的无规则多余信号,这便是噪声。正常信号与噪声信号的强度比值,即信噪比。信噪比越高,说明产生的噪声越少,声音收录效果越优良。通常采用一个标准的声学信号(如 1 kHz 于 1 帕的正弦波)来测量一支话筒的信噪比。在选择产品时,信噪比应不低于 70 dB。

大振膜话筒是什么?

在选择产品时,除了上述性能指标外,还常常能听到"大振膜"这一概念。通常将振膜大于 3/4 英寸(约 19 mm)的产品被归为大振膜话筒,如舒尔 KSM44A 大振膜多指向型话筒便设置了两片 1 英寸振膜。①

在同一换能方式下,振膜越大意味着与声音信号的接触面积越大,灵敏度越高,对于低频信号的相应亦越灵敏;小振膜则相对拥有较好的高频响应。

三、混音单元

实现混音功能最为核心的设备便是调音台。无论是电影制作中的大型调音台(audio mixing console),还是现场直播使用的中小型调音台(audio mixer),乃至便携式多轨录音机(handy recorder)(见图 3-11),都具有对多路音频输入进行放大、混合、校正、润色、分组、发放等一系列功能。

无论调音台的尺寸规格、界面设计、运行方式如何变化,都可以将调音台分为最基本的三大功能模块。

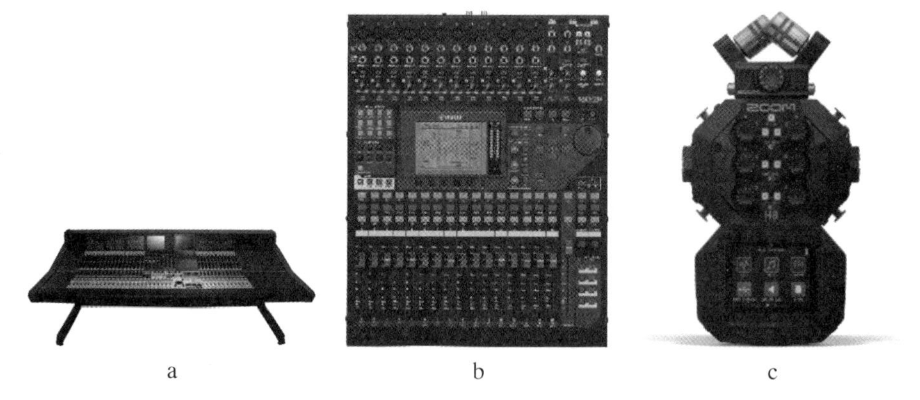

a b c

图 3-11 a:Neve 88D 大型调音台 b:雅马哈 01V96i 调音台 c:ZOOM H8 多轨录音机

注:关于 Neve 88D 调音台的详细介绍请参考本章电子资源或 Neve 官网:https://www.ams-neve.com/88d-58-p.asp,2021-4-11. 本章所有涉及雅马哈 01V96i 调音台的详细介绍请参考本章电子资源或雅马哈官网:https://www.yamaha.com.cn/products/show/1821/,2021-4-11. 关于 ZOOM H8 多轨录音机的详细介绍请参考本章电子资源或 ZOOM 官网:https://zoomcorp.com/en/jp/handy-recorders/handheld-recorders/H8/,2021-4-11.

---

① 关于舒尔 KSM44A 话筒的详细介绍请参考本章电子资源或舒尔官网:https://www.shure.com.cn/zh-CN/products/microphones/ksm44a,2021-4-10.

(一) 端口模块

调音台作为处理音频信号的中枢设备，承上收集话筒、乐器、效果器等多路信号来源，启下将汇总处理后的信号发送至录制单元、数字音频工作站(digital audio workstation, DAW)等(见图 3-12)。

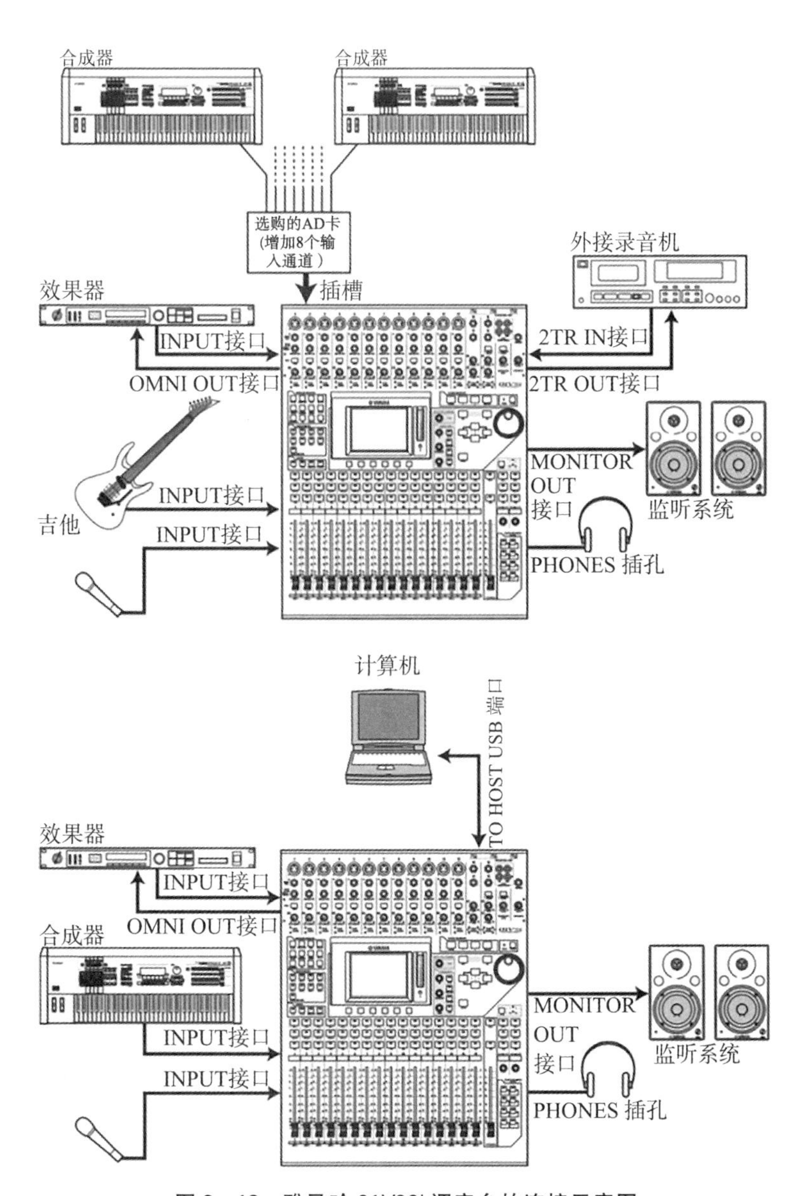

图 3-12　雅马哈 01V96i 调音台的连接示意图

在这种承上启下的过程中，需要明确通道(channel)的概念，即每个信号进出的路径。可以形象地把一条条通道想象为一条条高速公路，每个声源仿佛一部车辆由不同路口驶入不同道路，经过处理后，可以与其他车流汇合，组队前往某个出口，或者再各自分别由不同出口驶出。这种进口在调音台上便被标记为输入端(input)，出口便是输出端(output)(见图3-13)。

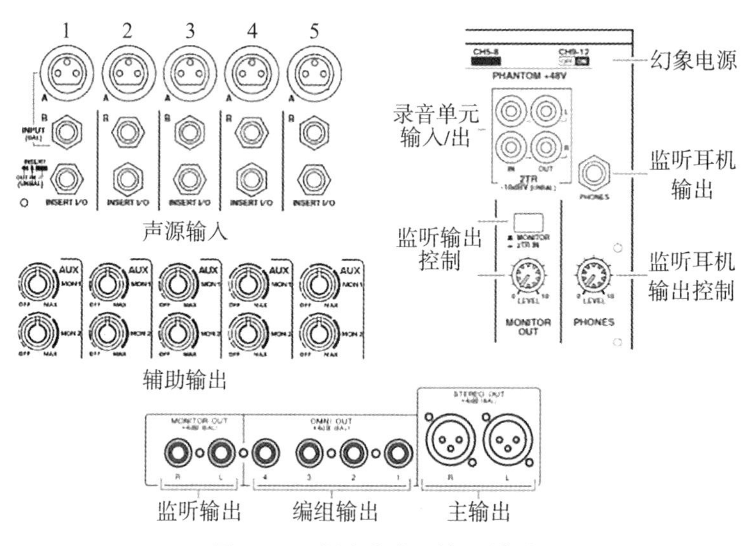

图3-13 调音台常见输入/出端

数字调音台基于通道选择(sel)功能，可以实现丰富多变的端口设置。一方面，常见的模拟调音台多见于8路、16路、24路等，通道越多，体积越庞大，数字调音台则可通过分配层来突破物理通道的限制，同一通道在不同层中可以代表不同的输入端口，从而收集、处理更多的信号源；另一方面，可以对通道进行编组以实现分组别的有序输出。这里又要引入一个母线(bus)的概念，即将多个通道编组混合后发送至某一特定输出端。

常见的母线分类包括：

一是主输出母线(main out, mix out)，也称为立体声母线(stereo out, st out)等，呈现出最主要的混音结果，比如在现场活动中将成为实况扩音的源头。

二是编组输出母线(sub out, group out, omni out)实现对某几个特定通道的汇总输出。比如，某几路送往监听，某几路送往效果器，或者连接DAW做进一步编辑时，每支话筒可以各分一路实现分轨录制，从而保留最大的后期处理性。

三是辅助输出母线(aux out, aux send)可以将某一通路分派为返送、效果器、重低音等,每一通路可以对应多个辅助输出,并由单独的 AUX 旋钮控制各路输出的电平(详见下文"主控模块"部分)。有时在编组输出端数量不够时,辅助输出也会被作为编组的替代。

除了上述三大母线输出外,另有一些常设端口,如录音单元输入/出(tape in/out, 2tr in/out)提供了对于 CD、磁带或其他数字储存录/放音设备的支撑;控制室输出或监听输出(control room monitor out)常被用于录混音控制室内的主输出母线监听,可单独进行电平控制;监听耳机输出(phone out)一般用于监听控制室输出的平行信号,可单独进行电平控制。

值得注意的是:在输入/出端口同时会标有平衡(balanced, BAL),或非平衡(unbalanced, UNBAL)的字样,以区分不同的信号传输方式,匹配相应接口。所谓平衡传输,即利用接地线(ground)、热线(hot)、冷线(cold)三条导线实现抗干扰及较长距离的信号传输(见图 3-14)。其抗干扰的原理在于:在发出端,将声音制作为正反相两路信号,[①]正相信号 A 进入热线,反相信号 $-A$ 进入冷线,因为两条导线距离很近,传输过程中所受干扰 α 可视为相同。当到达接收端时,热线携带了信号 $A+\alpha$,冷线则为 $-A+\alpha$,此时将冷线信号再次反相,得到 $-(-A+\alpha)=A-\alpha$,与热线所携信号进行叠加混合,得到强化的 $(A+\alpha)+(A-\alpha)=2A$,且无干扰信号。非平衡传输则仅利用一条接地线与一条信号线实现较短距离的信号传输。

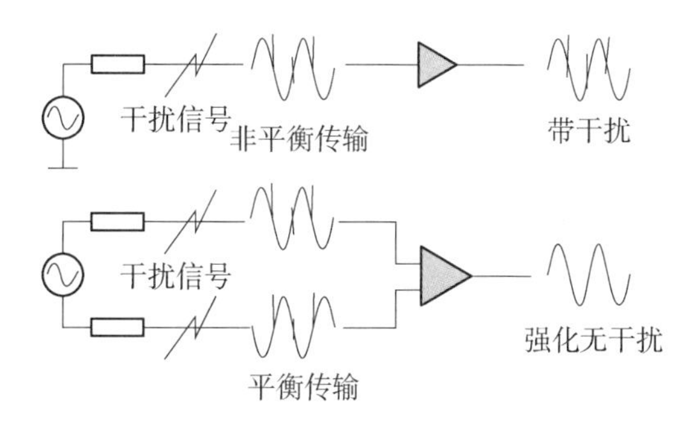

图 3-14　平衡与非平衡传输示意图

① 声相概念请参考本书第二章《数字音频概论》中的相关内容。

音频的传输必然涉及不同类型的线缆接口，这些接口属性各异，并适用于不同场合（见表 3－2）。

表 3－2　主要音频接口

接口类型	接口图例	主　要　特　征
XLR 接口[1]	 a	XLR 接口也被称为卡侬接口，是传输平衡音频信号的最常用接口，主要用于话筒输入及主输出母线。XLR 接口中多见的为三芯系列，亦有两芯、四芯等品种。分为阳头（针）与阴头（孔），可以输送幻象电源给话筒等设备 b 图为典型的 XLR 阳头内部平衡式接线方式，抗干扰能力较强
	1（接地） 3（冷线） 2（热线） b	
TRS 接口[2]	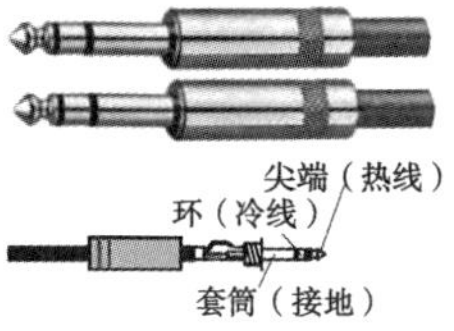 尖端（热线） 环（冷线） 套筒（接地） a	TRS 接口也被称为 Jack 接口，可用于多用途输入及编组或辅助输出母线等 TRS 在 6.3 mm 规格中，设有立体声 TRS 接口（a 图，前端两条标线），用以传输平衡音频信号；单声道 TRS 接口（b 图，前端一条标线），用以传输非平衡音频信号 3.5 mm 规格，即是常见的耳机接口（c 图），可以应用于某些便携式话筒、无线话筒等设备
	 b	
	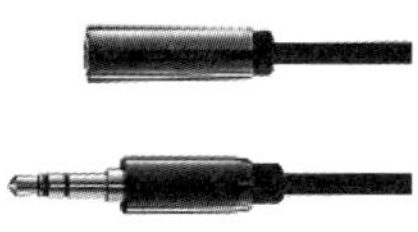 c	
RCA 接口[3]		RCA 接口也被称为莲花头，采用同轴传输的方式输送音频，可用于录音单元输入/出。若要组成双声道立体声系统，则需要设置两条 RCA 音频线。RCA 接口在早期影音产品中有较为广泛的应用

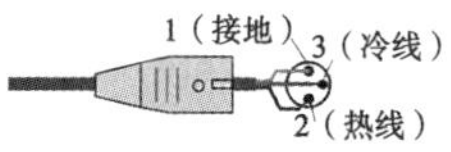

（续表）

接口类型	接口图例	主要特征
HDMI 接口[④]		HDMI 可以实现数字影音的一体化传输，大大简化了设备的安装与连接流程，成为当下各类数字产品、影音一体切换台的主流接口方式 经过多年迭代，目前已达到 2.1 版本，传输带宽提升至 48 Gbps，支持 4 K 120 Hz、8 K 60 Hz，甚至 10 K 的解像度[⑤]
光纤接口		在玻璃等材质制成的纤维中，光纤接口利用光的全反射而实现信号传输。与其他方式相比，光纤传输形成了“音频—数字—光”，最后再逆转到音频的过程。光信号的转化步骤，容易导致数据易丢失，或无序数据的产生，以及可能会造成音质损伤。但光信号传输速度最快，且适合长距离应用。某些数字调音台会设置光纤接口以实现 ADAT(alesis digital audio tape)等不同规格的数字音频信号输入/出

注：①XLR 由 James H Cannon 创立的 Cannon Electric 公司最早设计生产，因而亦被称为卡侬头。初代产品为“Cannon X”系列，随后增加了锁扣装置(Latch)，随之又在接头处添加了橡胶封口(rubber compound)，由此 XLR 的名称被固定下来，沿用至今。②TRS 得名于 Tip(尖端)、Ring(环)、Sleeve(套筒)三大组件。③RCA 为美国无线电公司“Radio Corporation of America”的缩写。20 世纪 40 年代起，美国无线电公司将 RCA 接口设置于留声机、扬声器等影音设备，是早期应用最为广泛的音频接口之一。④HDMI 为高清多媒体界面“High Definition Multimedia Interface”的缩写。⑤关于 HDMI 的详细介绍可参见：https://www.hdmi.org/，2021－4－12.

需要留意的是：不同设备、不同接口的连线必须与调音台的相应插口匹配使用。XLR 插口的输入端(mic in)一般用于低阻抗的话筒信号传输，切记开启调音台的幻象电源，为电容话筒供电。因话筒本身输出功率较小，调音台大都内设前置放大器，用以增强弱电压信号；TRS 插口的输入端(line in)一般可接受电子乐器、合成器等阻抗较高的信号输入。要注意高功率输出的设备切勿直连 Mic In 端口，以免因过载而失真或损坏调音台。

随着数字调音台的普及，调音台可以高速 USB 线直连 DAW，以全数字化流程完成编辑合成等工作。

（二）主控模块

有了接口丰富的端口模块支撑，调音台得以实现对信号的归集与输送，但更为重要的功能在于对音频的信号处理、修补修饰乃至艺术化处理。最为主要的操作包括：

（1）电平控制：当声音信号转为电信号进入调音台后，由于各路信号来源不一，电平的大小自然存在差异，调音台可以赋予每个信号以单独通道，通过独立调整实现整体电平的均衡呈现，这是对于信号最为基础的处理步骤。电平控制直观上体现为音量的变化，其背后对电信号的电压与电流进行着放大或衰减。调音台上设置了一系列电平控制组件，协同发挥作用（见表3-3）。

表3-3　调音台常见电平控制组件

组件名称	组　件　图　例	组件功能
定值衰减（PAD）	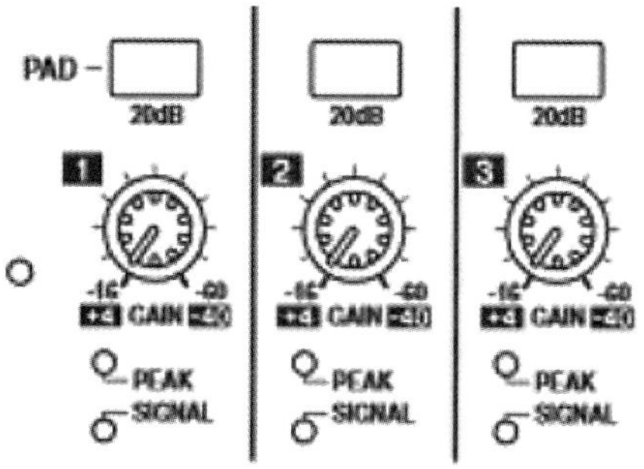	对高功率输入信号（一般为line in信号）进行定值衰减，衰减量为下标数字（如此处便为20 dB）
增益调节（GAIN）		调节信号的放大与衰减量。增益调节与定值衰减须灵活配合，既保证信号的有效输入，有效输入时信号灯（SIGNAL）亮起，又确保信号不过载，过载时峰值灯（PEAK）会亮起
单听（SOLO）	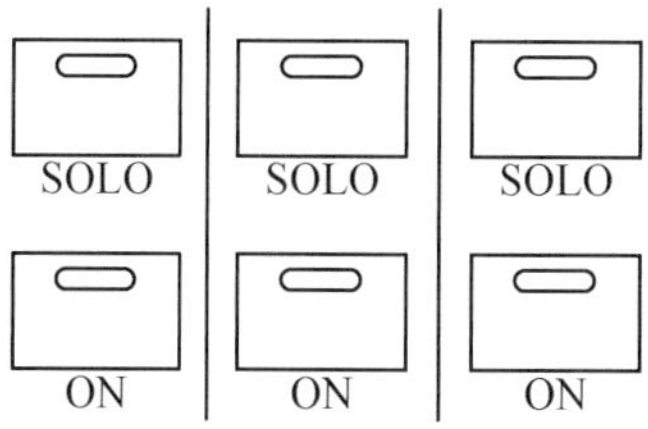	将该单轨信号发送至监听母线，用以监测某一特定声源，但并未屏蔽其他轨道的输出
开启（ON）		打开或关闭该单轨通道，有时会以静音（Mute）按钮替代
通道推子（FADER）	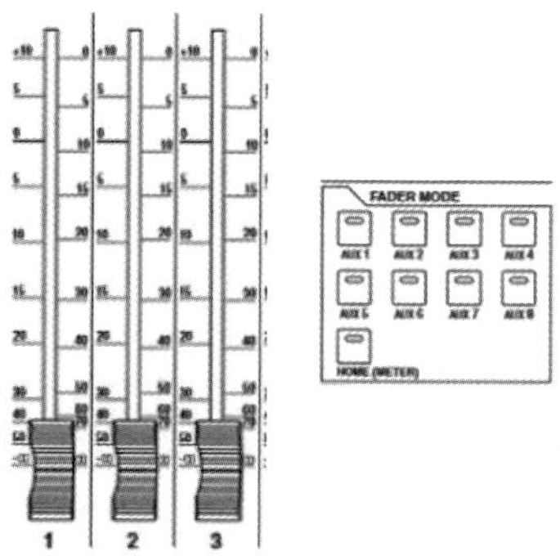	对于每条输入通道，调节其输入电平，向上推可以提升该路信号在整体混合中的比例。通道推子旁常设有监听按钮（Pre-Fade Listen，PFL），以监听推子调整前的音频信号 为主输出、编组输出或辅助输出配置的独立推子，用以控制不同母线的输出电平

（续表）

组件名称	组 件 图 例	组件功能
电平表（Meter）		数字调音台可以在屏幕上分门别类地显示出各个输入/出通道的电平数值，将数值保持在 -6 至 0 dB 间即可，或者可以直观地将电平条保持在绿色与黄色区域，切勿过载至红色区即可，这与过往模拟调音台上的灯条式电平表如出一辙

注：本表主要以雅马哈 01V96i 调音台为例，大多数调音台的基本构造类似。

上述电平控制组件的使用逻辑为：运用定值衰减与增益调节对信号进行首要处理，亦可同步应用低音切除功能以去除低频噪声，使所有通道初步达到合理、均衡的电平标准，再利用通道推子根据现场情况，以及对于每个声源的展现要求进行更细致的电平调整。

AUX 的推前、推后输出

在运用辅助输出（AUX）时，会涉及推前输出与推后输出两种情况。

推前输出，即音频信号可以不经通道推子的调整而直接被发送至 AUX 端口，推后输出则指音频信号经过推子调整后再发送。

数字调音台可以通过菜单设置、切换两种模式；模拟调音台则会在 AUX 控制处额外设置 PRE（pre-fade）功能按钮，按下 PRE 钮后实现推前输出，若不设置 PRE 按钮，则默认为推后输出（post-fade）。

推前输出的意义在于更具弹性地分路输出控制，比如某一通道为伴奏音乐，除了发送主输出供现场扩音，还能通过辅助输出为演唱者提供耳返，若应用推前输出，则主输出可依据现场实时情况，无论怎样进行调整，都不会影响耳返的音量，为演唱者提供稳定的监听效果。推后输出则常应用于多个空间的分场同步输出。

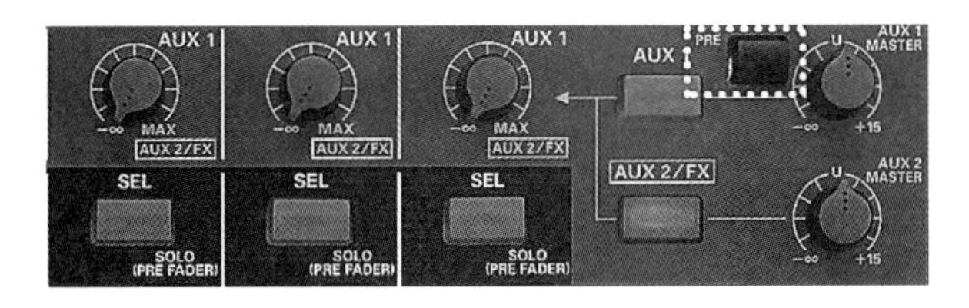

图 3－15 AUX 的推前、推后输出

（2）声像调节：[1]用以调节通道信号的空间分布，即声音的左右输出比例。声像调节按钮居中时，相当于将声音置于中间，左右调整时，空间位置相应发生变化，是立体声制作的重要手段。

（3）均衡调节（equalizer，EQ）：对于声音信号的不同频段进行调整。一方面可以对信号传输过程中可能存在的频率损失予以补偿，达到修正声源信号、扬声器，或是声场缺陷的目标，优化听音环境；另一方面也可对信号频率进行增强衰减等有意识的变形调整，实现艺术处理。调音台大都提供了高频、中频、低频三级分段式的调节功能，这种细致的调整工作需要调音师基于经验乃至直觉进行耐心的尝试。“甜水（sweetwater）”制作了一份常见乐器的频率调整速查表（EQ frequency cheatsheet），[2]堪称“调音利器”，为调制出“魔法频率”提供了有益的参考。

频率调整速查表

调制不同乐器与声音的“魔法频率”是每一位调音工程师的基本功。通过增强或衰减特定频段，可以获得出令人满意的调音效果。

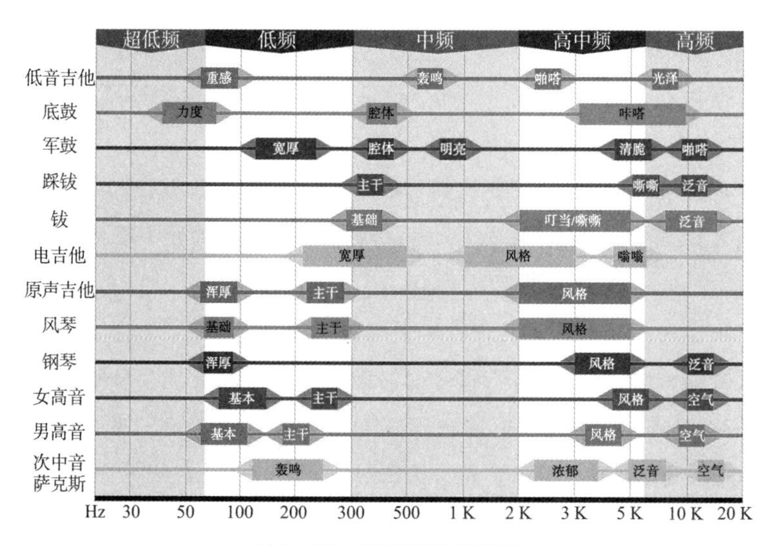

图 3-16　频率调整速查表

---

① 声像概念请参考本书第二章《数字音频概论》中的相关内容。

② Sweetwater，EQ Frequency Cheatsheet，原始图表可参见。https://www.sweetwater.com/insync/music-instrument-frequency-cheatsheet/，2018-4-6.

（三）菜单模块

较之模拟调音台直观的机械式操作界面，数字调音台大都设置了丰富的功能菜单，以实现多样化的数字操控。主要包括：信号跳线、通道配对、内置效果器、EQ 预设、场景记忆等。不同厂牌、不同型号在操作上略有差异，在使用手册中会有详细说明。

当面对复杂的调音混音任务时，调音台可以通过配置扩展卡获得更多数量、更多类型的输入/出端口，或是外联独立的效果器与均衡器，进行更为复杂的信号处理操作。

而随着播客、vlog 等制作方式的兴起，体积更为紧凑、使用更为便捷的小型调音台，或是附带基础调音混音功能的录音机层出不穷，为入门制作提供了诸多选择。

（四）RØDE caster pro 调音台

RØDE 的这款产品显而易见是为了播客制作及微型录音室使用而设计，堪称极易上手的紧凑型播客工作站。[①]

较之专业数字调音台，caster pro 更强调播客主日常使用时的便利性与一体化集成性。产品特点包括：

（1）对常见电子设备的友好支持。除了 XLR 话筒，播放器音频（3.5 mm TRRS 端口[②]）、电脑音频（USB 端口），甚至蓝牙传输（见图 3－17b、c）都可以成为信号来源，符合当下大众储存、使用与分享数字音频的习惯。

（2）提供自动混音消除功能（mix-minus），可以进行无回音电话连接，使得播客或某些现场节目制作中的嘉宾采访、听众连线互动成为可能。

（3）提供 SD 卡混音直录，或利用 USB 与 DAW 直连。

（4）提供可编程的效果打击垫，进行最基本的声效或是背景音乐设置，方便一键呼出。

（5）大大简化物理界面操作，使用触屏辅助操控，可视化、触屏化使得声音制作能够更好地满足日常智能终端的使用。

---

① 关于 RØDE Caster Pro 调音台的详细介绍请参考本章电子资源或 RØDE 官网：http://cn.rode.com/interfaces/rodecasterpro，2021－4－18.

② 与 TRS 的三触点接口相比，TRRS 带有传送左声道、右声道、接地、收音话筒四路信号的四个触点，目前最常见的电脑或手机一体式耳麦便采用了 TRRS 端口。

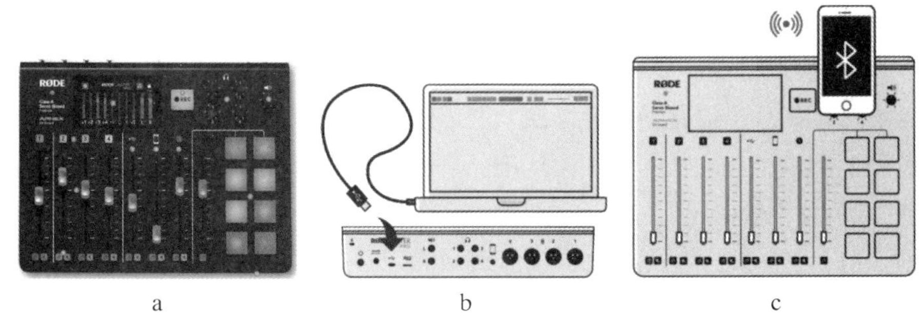

a b c

图 3－17 RØDE Caster Pro 调音台

（五）ZOOM H8 录音机

ZOOM 便携式录音机系列已发展至 H8 版本，[①]其更新路径便是向田野录音、现场混制、日常播客等综合性、多场合的快速应用演进。H8 的一些产品特点包括：

（1）多达 12 轨的同步录音，提供 6 个 XLR 接口，其中亦包含 2 个 XLR/TRS 混合接口（见 3－18b 图），以及 3.5 mmTRS 接口，在保持专业性的同时，最大限度地提供兼容性。

（2）顶舱系统（capsule system）提供拾音单元模块化更换，自带 XYH－6 X/Y 式立体拾音头，也可更换 VRH－8 环绕声拾音组件（见 3－18c 图）、MSH－6、SSH－6 等多用途拾音组件。

（3）提供高达 24 bit/96 kHz 的 WAV 或 MP3 采样与储存制式。

（4）提供 SD 卡混音直录，或利用 USB 与 DAW 直连。

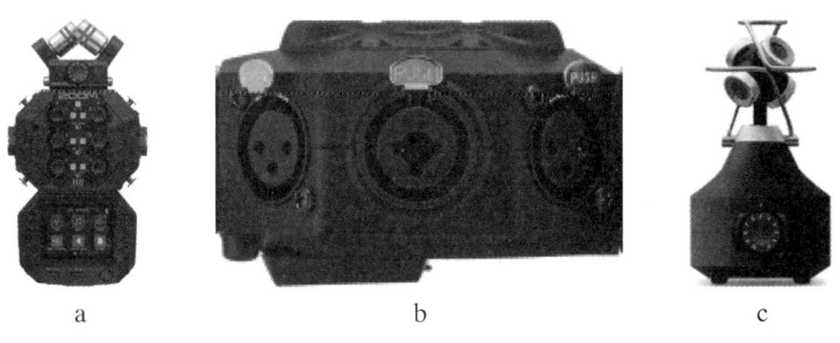

a b c

图 3－18 ZOOM H8 录音机

① 关于 ZOOM H8 录音机的详细介绍请参考本章电子资源或 ZOOM 官网：https://zoomcorp.com/en/jp/handy-recorders/handheld-recorders/H8/，2021－4－18.

(5) 可以使用普通 5 号电池驱动,实现户外使用。

(6) 可通过配件,实现手机 App 端的远程控制。

三、录制单元与编辑单元

早期的数字音频磁带(digital audio tape, DAT)录音机与数字盒式磁带(digital compact cassette, DCC)录音机已淡出市场。正如上文所介绍的 RØDE Caster Pro 等产品,目前录制单元大多与混音调音单元合为一体,除了工业级产品外,ZOOM、RØDE、雅马哈、BOSS、Tascam 等厂商都推出了一大批紧凑型、混录一体化器材(见图 3-19),使得声音制作的门槛进一步降低。

a

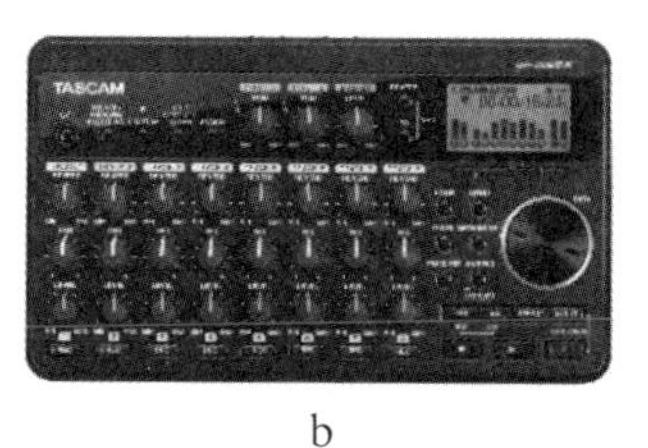

b

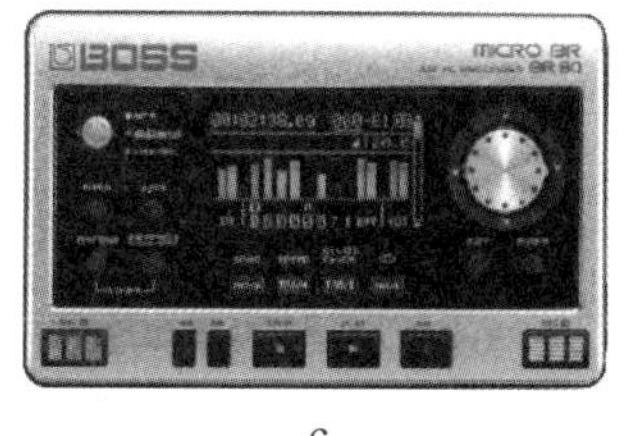

c

图 3-19 a:索尼 PCM M-1 DAT 录音机 b:Tascam DP-008EX 录音机 c:BOSS BR-80 录音机

注:关于 Tascam DP-008EX 录音机的详细介绍请参考 Tascam 官网:https://tascam.cn/cn/product/dp-008ex/feature, 2021-4-19. 关于 BOSS BR-80 录音机的详细介绍请参考 BOSS 官网:https://boss.roland-china.com/products/micro_br_br-80/, 2021-4-19.

这些混录一体设备的设计与应用大多遵循三大原则:①对于日常应用的多元化数字音频信号给予了越来越多的支持;②提供多轨录制(multitrack recording, MTR)以及基本的多通道调音混音功能;③无论是数字设备,还是模拟设备,都强调与 DAW 的简易连接,以提供充裕的后续编辑处理空间。

可以说,数字音频工作站是当下音频制作的另一核心枢纽。DAW 从本质上来说,是一套用以汇集、处理、储存、分发音频信息的计算机系统,因而需要软硬件的配合。

硬件层面:小型或是播客主的 DAW 设置,可以简化为混录一体机与笔记本电脑的组合。目前可以应用于高清剪辑等影音处理的笔记本产品均可胜任;专业级工作室在设置成套 DAW 系统时,会涉及更多的硬件单元,以适应复杂的声音处理工作。对不同量级的 DAW 组配方法的介绍将在下一小节详细展开。

软件层面：Avid Pro Tools、Apple Logic Pro、Steinberg 出品的 Cubase 与 Nuendo 等都是主流宿主软件，各厂商的产品侧重点各有不同，但使用逻辑共通。与此同时，为保证不同软件间的工程互通，开放媒体架构（open media framework，OMF）、进阶制作格式（advanced authoring format，AAF）、可扩展标记语言（extensible markup language，XML）等多种交互文件被广泛应用于项目输出，以实现 DAW 平台间的工序交接或文件转换。

Adobe Audition（AU）作为 Adobe 家族的一员，可以与视频编辑软件 Adobe Premiere（PR）实现无缝对接，是个人数字影音综合制作的良好选择。

四、监听单元

监听单元作为监测与检验声音制作效果的直接设备，对于现场调整录音混音状态，或是修正后期处理参数，都有着重要的意义。最常见的监听设备为监听音箱与监听耳机，前者能够还原声音经空气传播后达至听者的效果，后者则适用于当下越来越多的耳机端回放、移动回放等应用场景。

在专业的录音棚内，大多会设置远场监听与近场监听两套音箱单元。远场监听音箱，又被称为全音域监听音箱（full-range speaker），顾名思义，能够比较完整地覆盖人耳听觉的频率范围，实现全音域的效果监测。远场监听音箱的箱体较为庞大，常置于工作台附近后方，或是嵌入录音棚墙面，对于展现声音的层次感及低频部分有良好的表现。近场监听音箱（near-field speaker）体积较小，常置于工作台附近，帮助制作人员仔细辨听单个声音素材与细微的混音效果。

对于播客、短视频一类的 UGC 或 PUGC 制作来说，一对优质的近场监听音箱必不可少。需要注意的是，除了音箱品牌、款式外，其摆放位置也非常重要。真力公司在其《监听音箱设置指南》[①]中将听音区分为前、中、后三个区域，"若以音乐制作为用途，将音箱摆放到前区，将两只监听音箱呈 60 度夹角摆放，并指向听音位置；若以影视制作为用途，将音箱摆放到后区"。（见图 3－20）更

---

① 关于真力《监听音箱设置指南》的详细介绍请参考 Genelec 官网：https://www.genelec.cn/?page_id=17162，2021－6－11。亦可于本章电子资源中获取真力公司公开发布的电子文档。

多细节，如音箱高度、房间布局等也可详细参阅此指南。

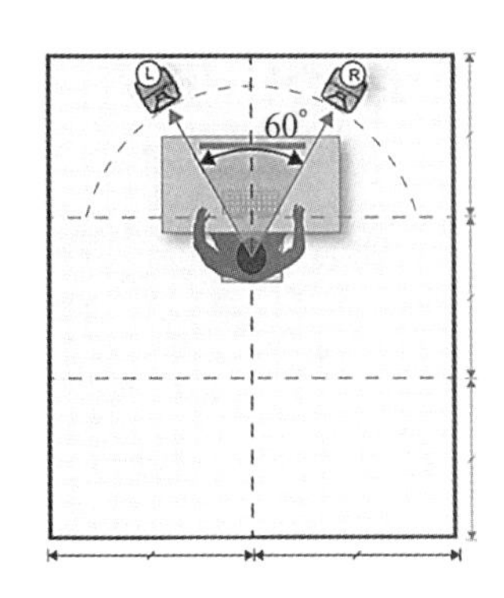

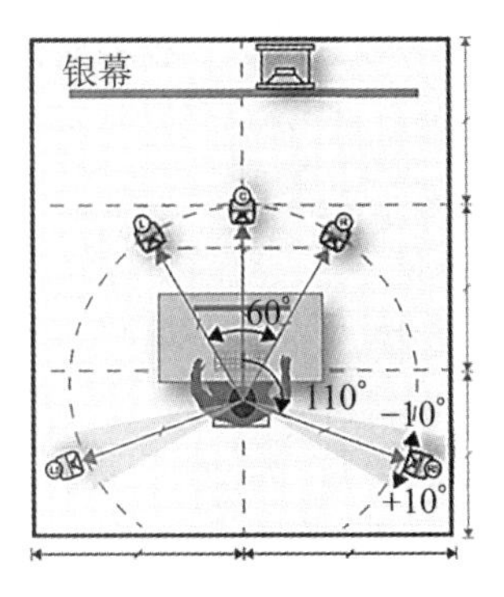

图 3-20　监听音箱的摆放位置

资料来源：真力《监听音箱设置指南》，https://www.genelec.cn/?page_id=17162，2021-6-11.

当然，在有限条件下，一副优质的耳机可承担监听重任。为了最大限度地隔离环境杂音，监听耳机一般采用头戴型、封闭式设计，其工作原理也与普通扬声器相仿，属于动圈式构造，处于永磁场中的线圈在电流驱动下引发振膜震动，从而发声。目前市面上的耳机林林总总，但选择时主要参考以下参数。

(1) 阻抗，即电阻和电抗的总和，可以理解为耳机对交流信号的一种阻碍作用，单位为欧姆(Ω)。阻抗越大，耳机所能获得的阻尼系数越高，其意义在于：当信号产生时，线圈带动振膜做出反应，但信号消失时，较高的阻尼系数可以令振膜迅速复位，以迎接下一个信号的变化，从而有效还原声音每一时刻的细节。耳机阻抗一般在数十至数百欧姆之间。

(2) 灵敏度，即输入 1 kHz、1 毫瓦的信号时，耳机所能发出的声压级，单位为分贝/毫瓦(dB/mW)。若灵敏度过低，最直观的感受便是音量不够，势必需要增加音源输出，导致失真度上升；若灵敏度过高，则在较大输出时易直接产生失真的情况，因而耳机的灵敏度维持在 100 dB/mW 左右即可。

(3) 频率响应，即耳机对于信号做出最佳响应的频率范围，单位为赫兹(Hz)。一般而言，这个范围越广，则越能全面、准确地还原更多的声音信号，使得高频明亮通透、低频下潜深。一般的耳机频率响应在 10 至 30 kHz 之间，某些型号如拜亚动力 T5p 更可达到 5 至 50 kHz 的响应范围。

第二节 基本场景与软硬件选配

基于不同的应用场景，声音制作在软硬件选配上拥有多种弹性方案。

一、单机录制

在记者采访、播客录制、vlog 拍摄等场景中，往往并不涉及特别复杂的收音与混音任务，现场团队亦控制在较小范围，制作行动要求迅速、高效，甚至所有工作一人挑的情况也非罕见。

先以播客录制为例，全套软硬件组配通常基于家用电脑完成（见图 3－21）。就电脑而言，能够流畅实现高清视频剪辑的笔记本也能胜任播客制作的 DAW 搭建。

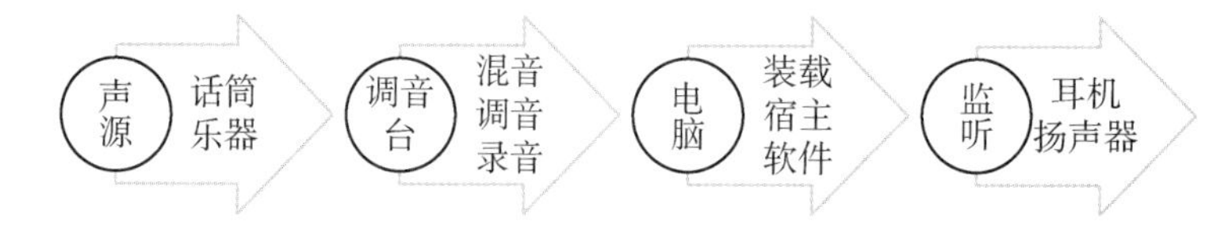

图 3－21 最基本的播客工作站

为了实现整体数字化操作，在上述流程中，信号接口及相关传输大都通过 USB 界面，所有设备尽可能实现一体化，如上文介绍的 Caster Pro 调音台。RØDE 同时推出了与之配套的 NT-USB Mini 话筒、[①]PodMic 动圈式话筒[②]等多款产品。在话筒、耳机、音箱领域，不同厂商也提供了大量性能优良、价格适宜的产品供选择（下一节将详细讨论播客工作站的设置）。

再以 vlog 制作为例，目前 vlog 拍摄大都基于较为小巧的无反相机、运动相机，乃至手机完成，因而声音方面的核心任务为清晰高效，且能与移动拍摄紧密配合的现场收音。常见的收音设备类型包括有线式领夹话筒、移动设备话筒、无线式话筒等（见图 3－22），这些设备往往采用 3.5 mm TRS 或 USB 接口

---

① 关于 RØDE NT-USB Mini 话筒的详细介绍请参考 RØDE 官网：https://cn.rode.com/microphones/usb/nt-usb-mini，2021－5－3.

② 关于 RØDE PodMic 动圈式话筒的详细介绍请参考 RØDE 官网：http://cn.rode.com/microphones/podmic，2021－5－3.

与拍摄器材相连，以实现最快捷的信号传输。如 RØDE 推出的 Wireless GO II 集 TRS 模拟输出、USB-C 及 iOS 数字输出为一身，广泛兼容专业相机与移动设备，这种小而全的设计将是 UGC 及 PUGC 制作中数字音频设备的必然发展趋势。vlog 在后期制作中涉及的声音处理，则与播客大同小异，可以在装载音频软件的电脑上完成，也可在 PR、Final Cut Pro(FCP)等视频剪辑软件中联合影像一并完成。

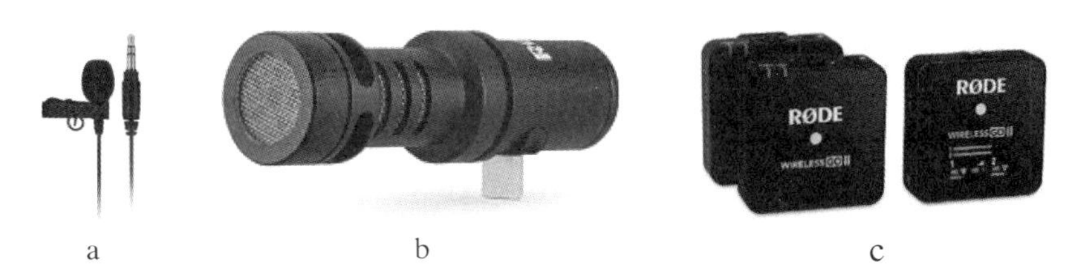

图 3 - 22　RØDE 推出的三款产品　a：Lavalier GO　b：VideoMic Me-C　c：Wireless GO II

注：相关产品详细介绍请参考 RØDE 官网：Lavalier GO：http://cn. rode. com/microphones/lavaliergo；VideoMic Me-C：https://cn. rode. com/microphones/mobile/videomic-me-c；Wireless GO II：https://cn. rode. com/microphones/wireless/wirelessgoii，2021 - 5 - 3.

二、专业录音棚

专业录音棚通常由端口组块、调混音组块、编辑组块、监听监视组块等几个部分组成。下面以雅马哈设计的中型工作室为例，分析一套专业录音棚的完整软硬件构架(见图 3 - 23、表 3 - 4)。一些小型工作室会在编辑单元、端口控制、

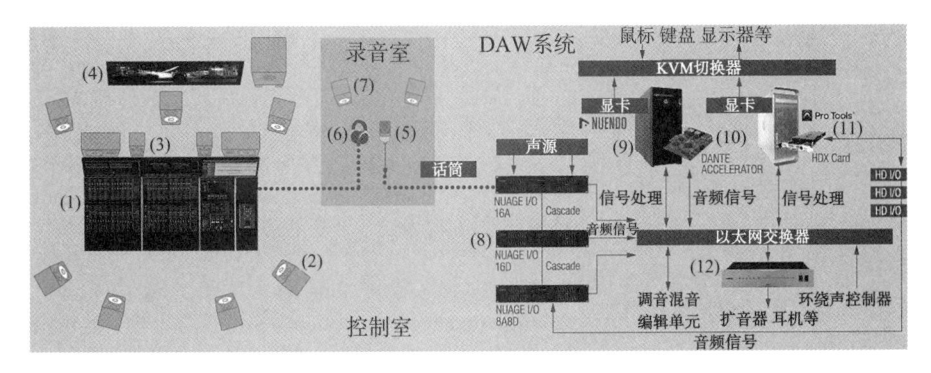

图 3 - 23　中型声音工作室系统构架图

资料来源：图片改制于雅马哈官网，原图及相关产品详细介绍请参考雅马哈官网：https://www. yamaha. com. cn/products/show/2123/，2021 - 5 - 3.

监听系统等方面做出相应简化，更大型的声音工作室则会运用到更多的设备以应对更复杂的任务。这种整体结构为配置专业录音棚提供了功能齐备且兼具扩展性的一揽子解决方案。

表3-4　中型声音工作室系统构架

组块	序号	软硬件名称与型号	功　能
以 DAW 为核心的调音混音编辑单元	1	调音台 NUAGE FADER 编辑器 NUAGE MASTER	调音台可以单独使用，亦可与编辑器形成组合。编辑器提供了额外的走带预览、效果编辑、混音录音、监听回放、插件应用等项目管理功能
	9	主工作站 Nuendo AVID Pro Tools	工业级声音工作室常设置多宿主软件支持，本例中采用了两套独立工作站分别运行 Nuendo 与 Pro Tools 的方式，可以在编辑器进行切换，以适应不同的项目需求及使用偏好。工作站由高性能电脑组建而成，并配置较大的存储空间
	10	音频网络信号交换卡 Dante Accelerator	相较传统音频线缆，以高速网络实现信号交换是当下的趋势。基于数字音频网络协议，本例中的音频接口卡允许高达 256 路（各 128 路入与出，24 bit/96 kHz 以下）或 128 路（各 64 路入与出，24 bit/176.4 kHz 以上）信号，通过以太网实现超低延迟传输
	11	DSP 效果卡 Avid Pro Tools HDX	DSP 卡以额外的硬件形式支持与加速混音工程，所附带的效果器、合成器、采样器插件均依靠独立芯片完成运算，从而释放工作站的 CPU 资源，以避免效果渲染延迟或处理能力不足等问题的出现
端口组块	8	音频 I/O 控制器 Nuage I/O 单元	I/O 界面设备控制着音频的输入/出：一方面，接收与汇总话筒、乐器等各路信号，同步完成模数转换、前置放大等工作；另一方面，根据不同路径进行信号的发放。本案例中的 I/O 界面提供了 16 模拟、16 AES/EBU 数字，或 8 模拟 + 8 数字的三种硬件配置，通过级联选择，可获得多达 128 条通道
监听监视组块	2	控制室 7.1 声道监听扬声器	矩阵监听控制器或录音棚监听管理系统（studio monitor management system）的核心功能在于监听信号的输入/出分配与控制，并提供对于控制室与录音室之间对讲系统的支撑。配合环绕声控制器（surround panner），可以实现环绕声的实时监听
	3	控制室立体声近场监听扬声器	

（续表）

组块	序号	软硬件名称与型号	功　　能
	6	录音室监听耳机	
	7	录音室立体声近场监听扬声器	
	12	矩阵监听控制器 雅马哈 MMP1	
	4	外设共享系统	在KVM(keyboard video mouse)切换器的支持下，多套工作站可以共享周边设备，简化操作流程。控制室与录音室内外通常会形成多屏联动，以实现配音等工作

注：关于 Avid Pro Tools HDX 效果卡的详细介绍请参考 Avid 官网：https://www.avid.com/zh/products/pro-tools-hdx，2021－5－3.

第三节　经济高效的播客工作站

播客制作是一个逐步积累的过程，其中包括内容的不断开拓、经验的不断丰富，也包括软硬件的不断升级。按照由初学者到专业播客主的不同阶段，总结一些可借鉴、易操作的播客工作站配置，以方便经济、高效、品质优良的播客制作。

一、新手播客主

对于不少初级尝试播客制作，尤其是学生的播客主而言，需要确定一个界面简洁、使用便捷、成本可控的工作站方案，笔记本电脑搭建的 DAW 配合 USB 数字话筒是一个不错的选择。可参考以下软硬件配置（见表 3－5）：

表 3-5 初级播客工作站配置

组块	设备	型号	图示	主要功能
总体构架				
DAW	搭载宿主软件的主流笔记本电脑	PC：Audacity[2]		Audacity 是一款开源的免费软件，可运行于 Windows、MacOS、Linux，支持多轨以及高达 32 bit/384 kHz 的音频采样与编辑
		Mac：库乐队(garage band)[3]		Mac 自带的免费音频工具，除了基本的编辑功能，也包含一套各种乐器及声音预设的资源库，以方便进行音乐创作。通过 iCloud，更可将移动设备上创作的音轨添加至电脑端
录音单元	USB 话筒	得胜 PC - K220 USB 数字话筒[4]		心型电容话筒 频率响应：20 Hz～20 kHz 采样率：16 bit～44.1/48 kHz
		铁三角 ATR2500 USB 数字话筒[5]		心型电容话筒 频率响应：30 Hz～15 kHz 采样率：16 bit～44.1/48 kHz
		罗技 Blue Yeti Nano 数字话筒[6]		心型/全指向型可切换电容话筒 频率响应：20 Hz～20 kHz 采样率：24 bit～48 kHz

（续表）

组块	设备	型号	图示	主要功能
监听单元	监听耳机	森海塞尔 HD206 监听耳机⑦		封闭式立体声耳机 频率响应：21～18 kHz 声压级：108 dB/mW 阻抗：24 Ω
		铁三角 ATH－M20x 监听耳机⑧		封闭式立体声耳机 频率响应：15～22 kHz 声压级：96 dB/mW 阻抗：47 Ω

注：①图片改制于得胜官网。原图请参考：https://www.takstar.com/product/type/3555.html，2021－5－5.②关于 Audacity 的详细介绍参考 Apple 官网：https://audacity.onl/，2021－5－5.③关于库乐队的详细介绍请参考 Apple 官网：https://www.apple.com.cn/mac/garageband/，2021－5－5.④关于得胜 PC－K220 USB 数字话筒的详细介绍请参考得胜官网：https://www.takstar.com/product/type/3555.html，2021－5－5.⑤关于铁三角 ATR2500 USB 数字话筒的详细介绍请参考铁三角官网：https://www.audio-technica.com.hk/index.php?op＝productdetails&pid＝954&cid＝30&sid＝51，2021－5－5.⑥关于罗技 Blue Yeti Nano 数字话筒的详细介绍请参考 Blue 官网：https://www.bluemic.com/zh-cn/products/yeti-nano/，2021－5－5.⑦关于森海塞尔 HD206 监听耳机的详细介绍请参考森海塞尔官网：https://zh-cn.sennheiser.com/hd-206，2021－5－5.⑧关于铁三角 ATH－M20x 监听耳机的详细介绍请参考铁三角官网：https://www.audio-technica.com.hk/index.php?op＝productdetails&pid＝924&cid＝31&sid＝55，2021－5－5.

总之，上述配置方案围绕入门级产品展开，在保证一定音质的前提下，遵循经济、实用、高效的原则。可以看到：作为录音关键设备的 USB 话筒，已内置模数转换声卡，并实现了兼容多个操作系统、免驱动的即插即用，且大都自带监听输出及音量控制功能，以方便调节话筒输入及耳机监听音量。

当然，入门级的播客制作并不涉及太多的音频信号输入/出，通常仅涉及单人或少量声源，因而省去了混音设备，在整体上通过 DAW 来完成后期的混合与调整。

二、熟练播客主

积累了一定经验的播客主，在制作一些涉及嘉宾访谈、音乐演奏、现场听众等环节的播客作品时，往往需要进行多源信号输入/出的处理，因而适合使用基于“DAW＋一体式调音台”的整套系统。可参考以下软硬件配置（见表 3－6）：

表 3-6 进阶播客工作站配置

总体构架	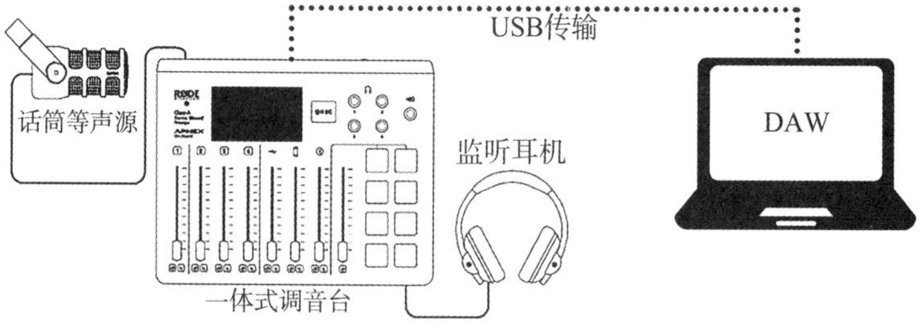 USB传输 ① 话筒等声源 监听耳机 DAW 一体式调音台			
组块	设备	型号	图示	主要功能
DAW	搭载宿主软件的主流笔记本电脑	PC： Adobe Audition[2]		AU提供了录制、混合、编辑、修复、增效等一站式功能，并提供了波形、光谱显示等辅助功能。可以PR与实现无缝对接，同时提供了Mac版本
		Mac： Logic Pro[3]		既注重音频编辑以及混音处理的功能，又提供了强大的音乐创作功能。包含了多种乐器效果、快速采样器、步进音序器、实时循环乐段等最新功能
一体式调音台	实现混音、初级调音的紧凑设备	RØDE Caster Pro		提供XLR、TRS、USB、蓝牙等多种输入/出端口，满足了无回音电话连接等准专业小型电台制作要求。详细介绍请见前文
录音单元	话筒	森海塞尔 MK8[4]		双振膜电容话筒 五种独立拾音指向性 XLR平衡端口 频率响应：20～20 kHz 灵敏度：-37 dBV 动态范围：132 dB

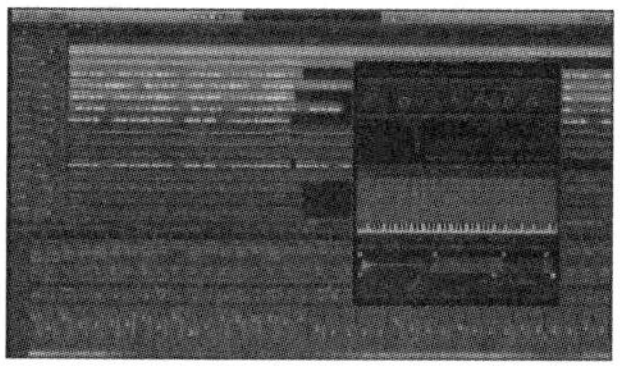

（续表）

组块	设备	型号	图示	主要功能
		铁三角 AT4050[5]		双振膜电容话筒 三种独立拾音指向性 XLR 平衡端口 频率响应：20～18 k Hz 灵敏度：－36 dBV 动态范围：132 dB
		诺音曼 TLM102[6]		心型电容话筒 采用 XLR 平衡端口 频率响应：20～20 kHz 灵敏度：11 mV/Pa 动态范围：132 dB
监听单元	监听耳机	爱科技 K371－BT[7]		封闭式立体声耳机 提供蓝牙连接功能 频率响应：5～40 kHz 声压级：11 4dB/mW 阻抗：32 Ω
		拜雅 T5p[8]		封闭式立体声耳机 使用新一代特斯拉单元技术[9] 频率响应：5～50 kHz 声压级：102 dB/mW 阻抗：32 Ω

注：①图片改制于 RØDE 官网，原图请参考：https://www.rode.com/rodecasterpro/learning-hub/livestreaming-with-the-rodecaster-pro，2021－5－5. ②关于 Adobe Audition 的详细介绍请参考 Adobe 官网：https://www.adobe.com/cn/products/audition.html，2021－5－5. ③关于 Logic Pro 的详细介绍请参考 Apple 官网：https://www.apple.com.cn/logic-pro/，2021－5－5. ④关于森海塞尔 MK8 话筒的详细介绍请参考森海塞尔官网：https://zh-cn.sennheiser.com/mk-8，2021－6－16. ⑤关于铁三角 AT4050 话筒的详细介绍请参考铁三角官网：https://www.audio-technica.com.cn/index.php?op=productdetails&pid=147&cid=31&sid=54，2021－6－16. ⑥关于诺音曼 TLM102 话筒的详细介绍请参考诺音曼官网：https://www.neumann.com/homestudio/en/tlm-102，2021－6－16. ⑦关于爱科技 K371－BT 耳机的详细介绍请参考爱科技官网：https://cn.akg.com/K371-BT-.html?dwvar_K371-BT-_color=Black-GLOBAL-Current&cgid=Professional%20Headphones，2021－6－16. ⑧关于拜雅 T5p 耳机的详细介绍请参考拜雅天猫旗舰店：https://detail.tmall.com/item.htm?spm=a1z10.5-b-s.w4011-22237861503.97.36a8682ctM8H4a&id=532931457137&rn=998f5e7c802b170f0e01e0f4e9ead143&abbucket=9&sku_properties=5919063:6536025，2021－6－16. ⑨特指单元磁体能够提供超过 1 特斯拉的电磁强度，约为普通耳机单元换能转化能力的两倍，因而磁利用率高，发声效率高，灵敏度也相应提高。

总之，上述配置较之入门方案，在各个环节中的音质处理水平均有了大幅提升，并通过添加一体式调音台，获得了多音源处理的功能。

三、在线嘉宾、听众来电的信号接入与处理

在访谈类播客等音频作品中，连接线上嘉宾，或是接听听众来电，都是最为常见的环节。此时对信号的接入与处理，是制作中的重要技术环节。

以配置 RØDE Caster Pro 调音台的播客工作站为例（见图 3－24a），最为简洁有效的工作流程为（见图 3－24b）：[①]手机、平板通过 3.5 mm TRRS（见图 3－24c）或直接采用无线蓝牙形式与调音台连接，实现电话接打、云端会议等音频信号的双向输入/出；DAW 则可以 USB 等多种形式与调音台连接，实现整体信号的输送、收录与处理。

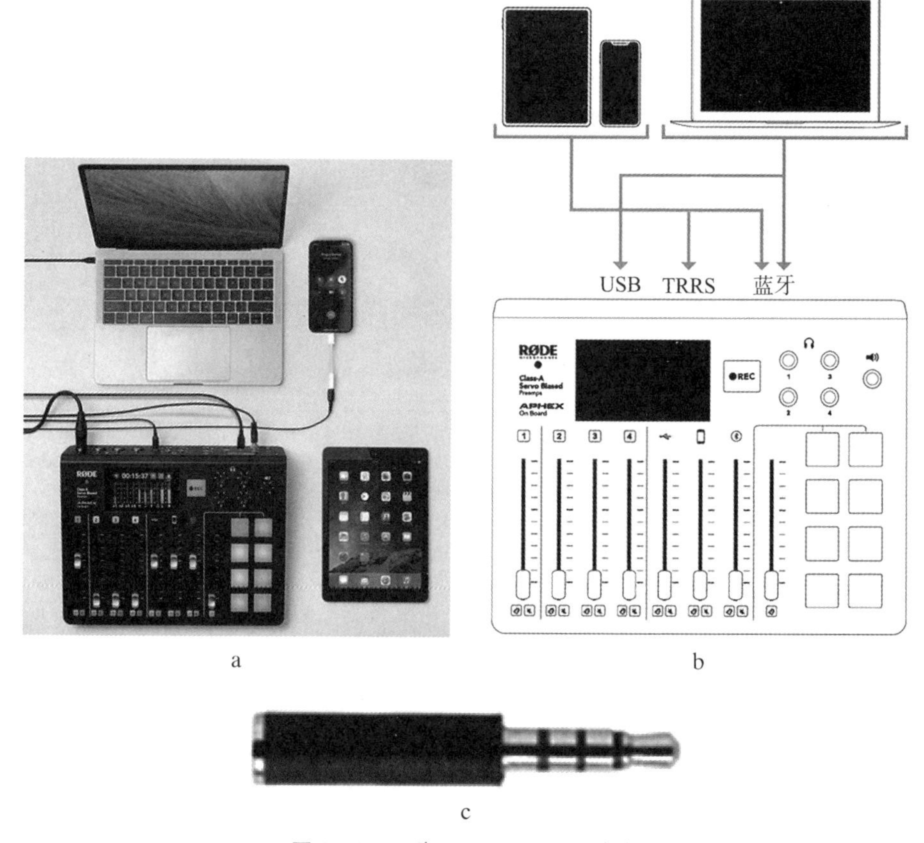

图 3－24　RØDE Caster Pro 调音台

① 图 3－24 改制于 RØDE 官网，原图请参考：https://www.rode.com/rodecasterpro/learning-hub/connecting-callers-and-online-guests，2021－6－17.

需要注意的是:在网络或电话连线过程中,应避免嘉宾或听众的回声、影响节目访谈与录制的效果。应开启自动混音消除功能,以实现无回音连接。

同时,多音源制作涉及诸多种类繁多的器材,各种相关转换头、转换线材需要提前准备妥当并调试正常。常见的有 6.3 mm 与 3.5 mm TRRS 间的互转、手机端口(Type C)与 TRRS 间的互转等。

1. 数字声音工作站的基本功能单元有哪些? 涉及哪些常见设备?

2. 如何按照不同技术标准,对话筒进行分类? 不同类型的话筒各有什么技术属性?

3. 音频设备配置的常见传输端口有哪些? 器材连接需要注意些什么?

4. 搭建声音工作室需要哪些软硬件配合? 不同组块的功能各是什么?

5. 尝试搭建一个属于自己的高效播客工作站。

◆ **扩展阅读**

请于本书配套云盘中获取:本章节中提及的部分话筒、调音台、监听音箱、工作室系统的使用手册与应用案例。

第四章

收音基本原理与技巧

本章导读

- 了解室内环境中，话筒设置的基本原理以及常用的收音技巧。
- 了解室外环境中，话筒与附件的合理配合以及常用的收音技巧。
- 了解并掌握立体声收音与环绕声收音的基本原理与技巧。

在讲解了常用数字音频设备的技术属性与整体软硬件配合后，从本章起将分门别类地讨论一系列具体的操作问题。这种讨论将涵盖大量的硬件选配及实用技巧，首先涉及的便是收音领域，这也是数字声音制作中重要的前端工作。

第一节　收音前的准备工作

无论是个人一肩挑还是团队工作，周全完善的前期准备必不可少。简单地将录音环境划分为按照实地录音(field recording)与录音棚录音，两者的准备工作略有不同。

实地录音也被称为田野录音、户外录音，这里将离开录音棚环境的收音工程统一归入实地录音。实地录音的声音条件显然没有在录音棚内那么可控，因而前期准备应由细致的现场勘景开始。不妨设计一张快速有效的勘景核对表(见表 4－1)，以检验实地录音环境的各项技术标准，并做出相应的后续工作安排。

表 4-1　现场勘景核对表

序号	勘察项目名称	勘察结果	后续工作
1	实地环境大小	提示：可携带测距仪，以获取现场的准确尺寸；记得拍摄照片，并标记立柱、门窗等会对收音产生影响的物件及其位置	根据勘测结果，绘制场地概览图，对于后续组员讨论、设置器材、铺设线缆等均大有裨益
2	电源数量与位置	提示：标记电源的准确位置，电源是设置工作站的重要基础；检查电源插座是否接地良好，以排除电源干扰	若现场无法保证充足的电源供给，需要准备足够长度的拖线板进行接电，或是采用电池等移动电源驱动的器材
3	现场环境噪声	提示：是否存在风扇、空调、电流杂音、水流、室外干扰等噪声因素；在收音的过程中是否可以消除上述影响	联络场地负责人，事先将现场环境噪声的影响降至最小；对于无法消除影响的，应避开明显的噪声区域，再进行收音工作
4	表演或现场观众区域	提示：对于一些演出场景，需要提前了解当天的表演或现场观众区域，以设置合适的工作区域与器材铺设路线	联络活动负责人，尽量使收集活动资料完整
5	拍摄需求	提示：对于在现场进行视频拍摄的场景，需要提前了解是否需要收音团队提供声音信号	联络摄制组负责人，了解拍摄对音频的需求；实现确认工位设置、音频对接端口、电源分配等事项

对于录音棚录音而言，前期准备工作偏重于器材的测试以及录音人员的提前适应。务必确保话筒、调音台等设备都处于良好的工作状态，且连接正常；如有可能，请配音师、演奏家等提前一小时进入录音棚，对话筒、耳机等设备等进行试用，以便在正式开展录制前完成适应性调整。

对于更轻量级的自由制作而言，一方面，应常态化地对器材展开日常检查，包括设备之间的各项连接、电池的充电状态、电脑硬盘空间清理等工作。每次录制节目之后，也应记得将各项设置恢复原位，以免影响下次的正常使用；另一方面，居家类型的非专业制作需要在尽可能的条件下，改善室内的声学环境。这其中涉及大量专业的建筑声音设计知识，不妨由以下这些最基本而易行的措施做起。

一是选择合适形状的工作空间。方方正正的房间绝非良好的录音场所，平滑而相互平行的天花板、地面及墙面，会造成声音的显著反射，这种反射将相互作用、叠加,引发传播的混乱,因而有斜面或是不平整墙面的空间反而是较好的选择。

二是布置合适的吸音材料。对于日常生活空间,可以通过布置吸音材料来解决墙面对于声音不可控的反射问题。如矿棉、泡沫塑料、玻璃纤维等高吸声系数材料,大都具备多孔形态,对于较高的声音频率有着良好的吸音效果。在材料有限的情况下,毛毯、窗帘,甚至棉被都可以被用来布置墙面,从而在一定程度上改善声学环境。

三是恰当的隔音处理。能否有效阻隔室外噪声,对于居家制作环境来说,是个巨大的挑战。门窗、墙面、房顶等都会产生漏音问题,采取吊顶隔音处理、地面铺设减震隔音垫、安装隔音门,或是为门窗加装隔音密封条等多种措施,能够较好地解决上述问题。

一体式静音舱

除了改造固有空间,一些专注于声学设计的厂商,也推出了集成式、多规格的静音工作室。模块化搭建,配合专业材料,达到整体隔音、吸音、减振的效果,为有限条件下的声音制作提供了较为经济、便捷且保证一定质量的空间解决方案。

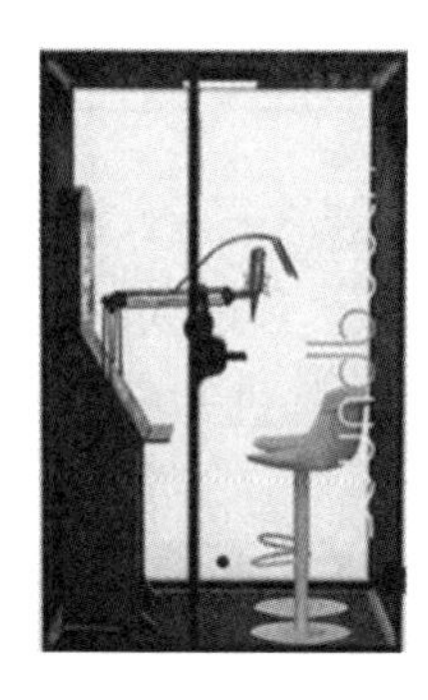

图 4-1 一体式静音舱

第二节 选择合适的话筒与附件

在完成准备工作后,进入录音阶段。依据不同的应用场景正确选择不同类型的话筒，是硬件层面获得良好收音质量的又一必要操作。

在第三章介绍拾音单元时，就声电转换方式、传输方式、声场作用方式，对话筒进行了概括的分类介绍。在实际操作中，一些最常见的话筒选择及其适应场景包括：

一是动圈与电容话筒。动圈话筒灵敏度低、瞬间反应慢、频率响应范围窄，因而在声强较大、环境噪声较大、收音条件不可控的场景中反而较为有利。通常在户外活动、演唱会、鼓类打击乐器、机场等收音环境中可以达到高音不失真、低频特性好的收音效果；电容话筒则相对灵敏度高、瞬时反应快、频率响应范围宽，在录音棚或是较为安静、可控的环境中可以获得高质量的收音效果。

二是指向性的选择。一般而言，若要强调对环境声的收录，会采用全指向性话筒；对于室内录音棚或播客工作站，心型话筒是最为常见的选择，以有效排除目标声源以外的杂音；至于进入一些嘈杂环境中，可以通过选用超心型或强心型话筒，以大幅度缩窄可容角度，提升收音质量。

三是有线与无线话筒。稳定性与安全性是有线话筒的最大优势，在场地对于铺设线材没有太多限制，且持话筒者在使用期间没有过多移动时，有线话筒能够较为可靠地保证信号传输；反之，若需要更高的使用自由度，或是场地限制过多、传输距离较远，则可选择无线话筒。

当然，除了选用话筒主体，大量相匹配的附件也是制作中不可或缺的部分（见表 4－2）。

表 4－2　主要话筒配件一览表

附件类型	图例	主　要　功　能
话筒支架		分为桌面、落地、悬挂等多种形式，主要作用是固定话筒。通常可以收缩、折叠，以满足不同空间的使用需求
防震架		除了支架自带的话筒夹外，通常会配置由弹力绕绳固定话筒的防震架，从而有效减少由于振动、碰撞等产生的录音瑕疵

（续表）

附件类型	图例	主 要 功 能
挑杆		可手持或与话筒支架配合使用，长度与角度均可调整，用以延伸话筒，以达到最佳的收音效果
防风罩		室外收音常会遇到嘈杂风声等的干扰，使用艇型防风罩，同时配合防风毛衣，可以最大限度地隔离噪声。须注意防风罩较为沉重，应配置良好的悬挂系统，为话筒提供防震保护
防喷罩		在使用话筒时，有时过大的气流会形成爆音，即喷麦现象。配置防喷罩可以有效阻隔强气流，并同时保护话筒免受口水喷溅的侵蚀。防喷罩最常见的有金属与尼龙两种材质，有单层与双层之分，具有不同程度的防喷功效
隔音罩		在一些声音环境不甚理想的室内录音室中，使用隔音罩可以有效实现降噪、抗混响、防反射等多种效果。隔音罩通常一面采用泡沫海绵等吸音材料，一面采用金属面板等反射材料，以实现对某个录音区域的环境优化。对于在家制作或没有专业录音环境的初阶播客主来说，隔音罩是一种事半功倍、提升质量的良好设备

第三节　室内收音基本原理与技巧

在密闭或半密闭空间中进行收音，声学环境相对较为可控，因而需要首先解决两大问题：一是需要多少支话筒；二是如何对多支话筒进行合理摆放。这里可以分为人手一支话筒与多人共享话筒两种情况来探讨。

在大多数采访类播客或歌曲演唱等着重于个体人声的录制情境中，往往会给予主持人、嘉宾、歌手等角色每人一支话筒，以获得最为精准、清晰的录音效果。这么做的另一个优势在于每支话筒都能独立地捕捉各自的信号源，从而得到单独的一路信号，为后期赢得灵活的处理空间。

在人手一支话筒的情况下，需要注意话筒的合理摆放，一方面，远离光滑墙面，避免明显的声音反射；另一方面，将话筒置于距离使用者20厘米左右的位置，从而既能有效覆盖发声范围，不至于收录过多杂音，形成过于明显的环境混响，又能防止出现邻近效应所引发的低频增强的问题。

一只手的录音距离

一个最为简单有效的定距方法是展开手掌，便能将录音距离控制于20厘米左右。

录音前，记得提醒嘉宾时刻与话筒保持一只手的距离。

图4-2　一只手的距离

当然，相关的配件需要一并设置到位，诸如制作播客时可使用桌面式支架固定话筒，配合防震架、防喷罩等，录制乐器表演时，可应用立式支架、吊装支架等固定的成套设备。

对于多人访谈或是合唱等收音场景，很多时候条件并不允许人手一支话筒，且在不要求每人一条音轨以便单独编辑的情况下，并无必要为后期增添太多负担，因而于不同位置设置多支话筒、数人共享一支话筒成为最经济且高效实用的收音方式；对于人数较少的访谈等声音制作，2～3人为一组，配备一支话筒即可；对于大合唱等人数较多的录音场景，需要按声部划分人员排列，话筒的数量与位置可根据不同的排列组合进行计划与安排。常见的队列有以下两种：

一字排开的队列

女低、女高、男低、男高四个主要声部一字排开，两支话筒均衡置于声部之间，话筒间距保持在2～3米，且与最前排信号源保持1.5米左右的距离，话筒高度设置为2米左右(见图4－3a)。亦可以安排四支话筒进行更为准确、细致的收音(见图4－3b)，此时话筒间距保持2米左右为宜。

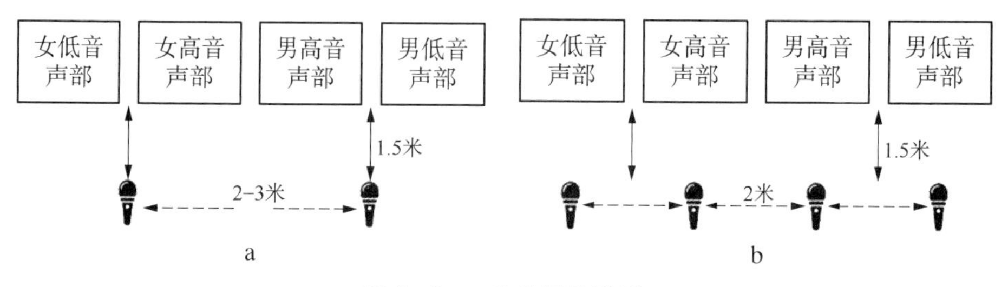

图4－3　一字排开的队列

前后高低的队列

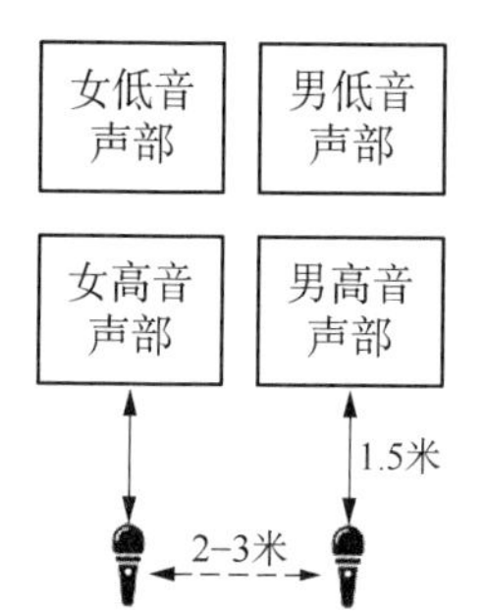

图4－4　前后高低的队列

女低、女高、男低、男高四个主要声部分前后高低排列，两支话筒均衡置于声部之间，话筒间距保持在2～3米，且与最前排信号源保持1.5米左右的距离，话筒高度根据队列高度在1.5～2.5米间进行调整，以保持高低音声部的整体平衡(见图4－4)。

当然，无论是哪一种设置方式，都需要注意话筒收录直达声与混响声之间的比例，也称直混比。良好的直混比可以带来每个声部的清晰表现，是合唱收音的重要指标。控制直混比的关键便是确保话筒的摆放位置保持恰当的距离、高度与角度。一般来说，话筒与最前排位置不可小于0.5米，否则过于靠近的人声会异常突出，失去整体和谐感；而若话筒距离过远，如超过3米，则会令环境混响过强，整体声音欠缺清晰度而显得浑浊、散乱。

因而，一种较为合理的做法便是在设置近距离收音话筒的同时，加设一支混响补偿话筒(见图4－5)，从而既能够获得清晰而富有感染力的近距离收音效果，又能够获得富有层次感、临场感的空间效果。一般而言，可将混响补偿话筒设置于距离整体队列5米左右的水平位置，高度保持在4米以上，并确保话筒拾音单元角度向下对准信号源。

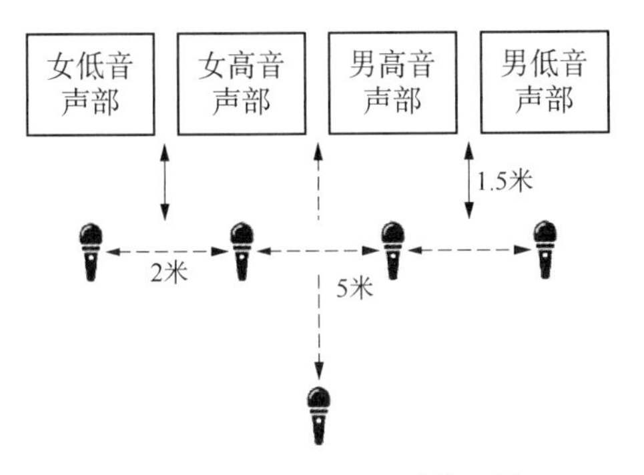

图 4-5　混响补偿话筒的位置

除了人声，对于乐器的录制，也是室内收音极为重要的工作之一。乐器的种类极为多样，对于录制单件乐器而言，话筒的摆放位置是最为重要的考量因素。一方面，可以采用近距离拾取直达声的方式，将话筒置于离乐器约 0.5 米的位置，以获得其整体的发声效果；另一方面，则是将话筒置于距离乐器 1～5 米的位置，以获得更丰富的环境混响，这也更接近聆听音乐厅内或是在舞台上乐器演奏的效果。

单件乐器录制的小技巧

- 用乐器演奏时，应尽量远离光滑墙面，以避免出现不必要的声音反射与共振。
- 事先对乐器进行调整与保养，防止踏板、琴弦等部件因老化、松动等原因发出不必要的噪声。
- 话筒设置应尽量远离音孔（如小提琴等弦乐器共鸣箱上的开孔部位），以避免出现低频共振带来的嗡嗡声。
- 乐器的不同部分朝着不同方向都会发出不同的声音，尝试在不同的位置设置话筒，并比较不同的收音效果，以获得一种较为自然、均衡的整体音质。
- 注意离轴现象。
- 在收录鼓等声压级较高的打击乐器时，可选择动圈话筒以防止失真。

在收录多件乐器或是乐队演奏时，可以选择为每一件乐器，或每一件乐器声部设置一支话筒，以获得各自独立的音轨，从而确保在后期处理中，充分保留对细节的调整能力。在多支话筒共同工作的过程中，需要格外留意以下两个问题：

一是漏音(leakage)。当一支话筒为某一声部收音时，常常会受到临近声部的干扰，这种串声的结果便是在清晰的近距离收音中夹杂着模糊的漏音。要解决这一问题，可以尝试选用高指向性的话筒，并在合理的范围内尽可能靠近目标乐器，以排除临近干扰。同时，选用低反射、高吸音的录音空间，或者不同声部间放置吸音隔板，也是一定程度上消除漏音的良好措施。

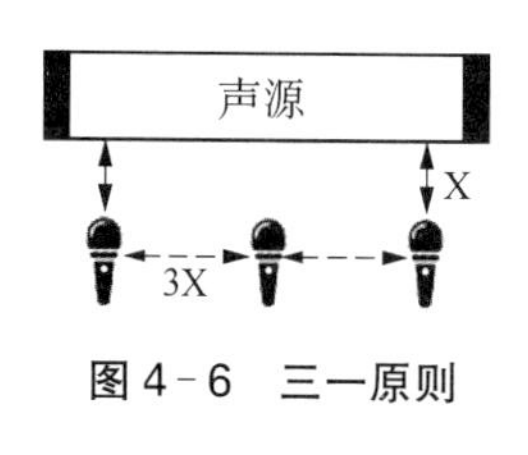

图 4－6　三一原则

二是三一原则(three-to-one rule)。在采用多支话筒对同一声部，或不同声部进行收音时，每支话筒之间的距离应为话筒到声源距离的 3 倍及以上(见图 4－6)。因为声源信号到达不同话筒会存有时间差，从而引发相位抵消问题，遵循三一原则可在很大程度上防止上述问题的出现。

第四节　室外收音基本原理与技巧

较之密闭或半密闭空间，更多噪声干扰的室外环境对收音工作提出了更高的要求。因而，室外收音的主要任务可以归结为：一是应用指向型话筒，尽可能地排除干扰，获得对于目标声源的最佳拾音效果；二是结合室外项目的特点，在音频录制、视频拍摄等场景中，妥善处理移动声源的收音问题。下面分别以个人 vlog 及团队影片制作中的室外收音场景为例展开阐述。

个人 vlog 的室外收音，通常涉及制作者声(自己)、访谈声(他人)、环境声三个方面，而且整个录制过程往往会包含一些行进中的状态，因而器材偏向轻巧、便捷且能与其他影音设备快速连接的选项，如 RØDE 推出的 VideoMic Pro、Wireless GO 等都是较为常见的选择。与此同时，随着个人移动设备拍摄画质的大幅提升，手机摄制的应用场景日益广泛，各大厂商纷纷推出与手机平台兼容的收音工具包(见图 4－7)。

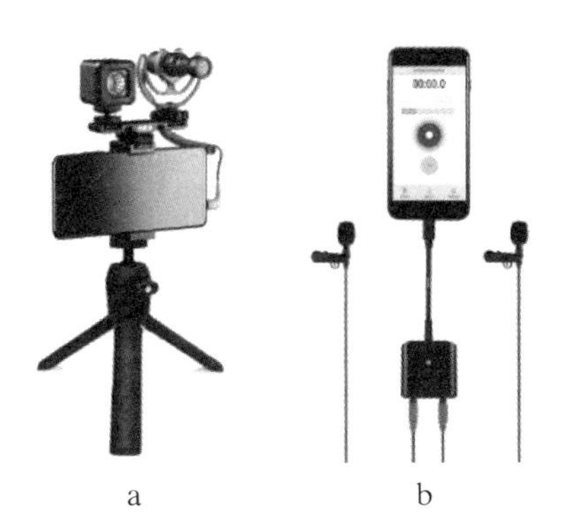

图 4－7　a:RØDE Vlogger Kit Universal　b:RØDE SC6－L Mobile Interview Kit

注:关于 RØDE Vlogger Kit Universal 的详细介绍请参考 RØDE 官网:http://cn. rode. com/microphones/vlogger-kit-universal,2021－8－16;关于 RØDE SC6－L Mobile Interview Kit 的详细介绍请参考 RØDE 官网:http://cn. rode. com/microphones/sc6-lik,2021－8－16.

在使用上述以移动轻便、快速设置为特征的收音设备时,需要注意以下三点:第一,虽然大部分话筒采用了心型等较强指向性的设计,但这些轻量级设备因为体积紧密、结构简化,在灵敏度、动态范围、信噪比等各项参数表现方面,均有所削弱,因而应注意将话筒与声源距离控制在 1 米以内,或可采用领夹式的有线或无线话筒,以免环境声过强影响收音质量;第二,注意接口的匹配与电源的提供,移动端话筒套件一般通过 USB Type-C、3.5 毫米 TRS 等接口与设备相连,前者可以在传输信号的同时为话筒提供电源,而后者则需要额外加装电池组件;第三,注意相应支架的选用及话筒的牢固固定。

在某些游记类型的 vlog 中,要求在保留博主原声的同时,也要求环境声的同步收录,以获得场景再现的真实感。也有厂家为此设计了多角度的双杆可调式话筒,以满足多场景应用(见图 4－8)。

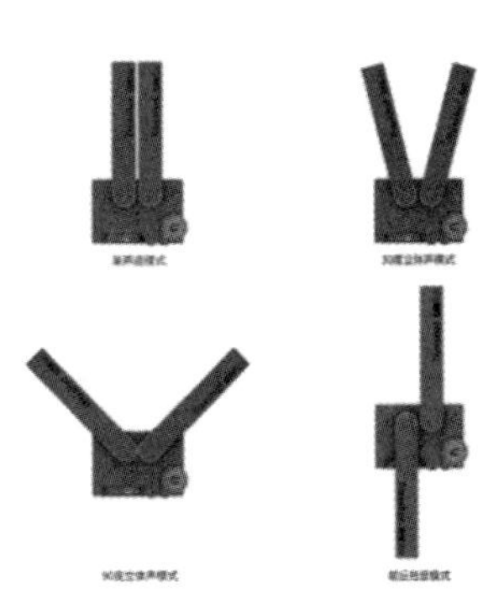

图 4－8　科唛双杆可调式话筒

注:关于科唛双杆可调式话筒的详细介绍请参考科唛官网:https://cn. comica-audio. com/product/Traxshot-90. html,2021－8－16.

上述 vlog 收音设备与相关技巧,在播客等类似制作的室外收音场景中,也可借鉴运用。

另一种常见的室外收音作业出现在以团队为单位的影片制作中。在此类场景中,话筒配合挑杆的正确运用是高质量收音的关键。挑杆通常可在 0.5

米至3米间伸缩延展，使用者可手持或将其固定于挑杆架(见图4－9)。

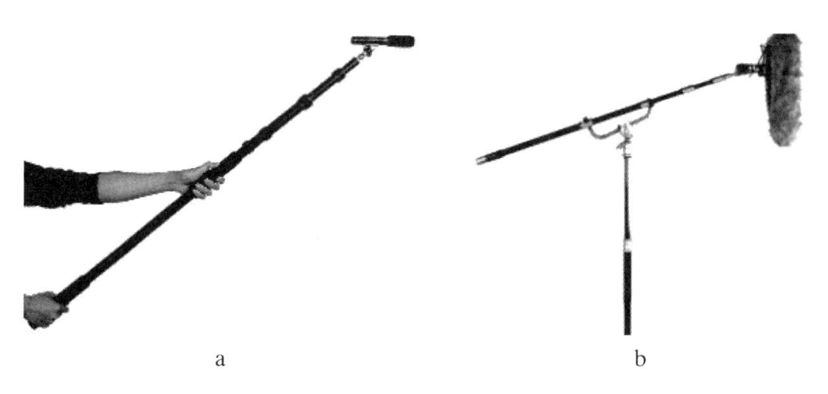

a b

图4－9 a:手持挑杆 b:挑杆架

无论是哪一种形式，都需要配合防震架固定话筒，以防止晃动、撞击等产生的噪声。大部分挑杆设置有可拆卸的挑杆头，并可由挑杆内部穿引音频线，从而防止话筒被随意拉扯或线材碰撞杆体造成不必要的收音问题。一些厂家也推出了音频发射与接收的无线模块，可供挑杆话筒使用，以进一步简化话筒与收音单元或摄像机之间的线材连接。当然，在室外风势较大的情况下，防风罩也是必不可少的配件(见图4－10)。

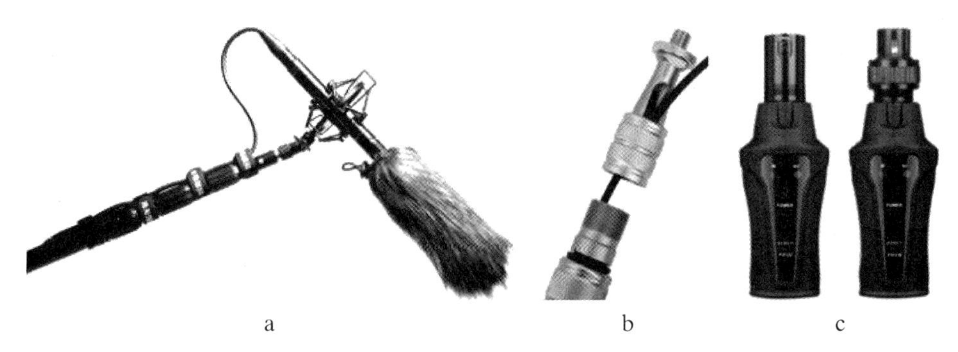

a b c

图4－10 a:装配防震架与防风罩的话筒与挑杆套件 b:可穿引线材的挑杆头 c:话筒无线发射与接收模块

在团队作业中，一般由专职的话筒员负责抓举、控制挑杆，一些最基本的操作原则为：一是选择心型等指向性的话筒，并通过调整挑杆的位置与角度，确保话筒的拾音单元始终对准声源。二是在话筒不入画的前提下，尽可能令话筒与声源保持在一个最佳的收音距离内，如心型话筒应在声源前方0.3～1米，且形成一个夹角，处于上方0.3～1米处（见图4－11）。三是当声源产生较明显的运动时，需要注意挑杆位置的及时跟进，且不建议使用超心型或强心型等指向性过强的话筒，以免出现跟进不及时、声源偏出拾音角度外，因“离轴声染色效应”对音质造成破坏等问题。四是若拍摄场景中有多个声源，如不同演员之间有对手戏，话筒员便需要操作挑杆，平稳、匀速地在不同声源间移动，以准确收录不同发声部。五是话筒员要全程监听收音质量，随时调整挑杆至最佳位置，并及时解决噪声、线材、电池等可能出现的问题。六是同一场景中原则上选用同一套设备，以保证器材特性与收音质量的统一。

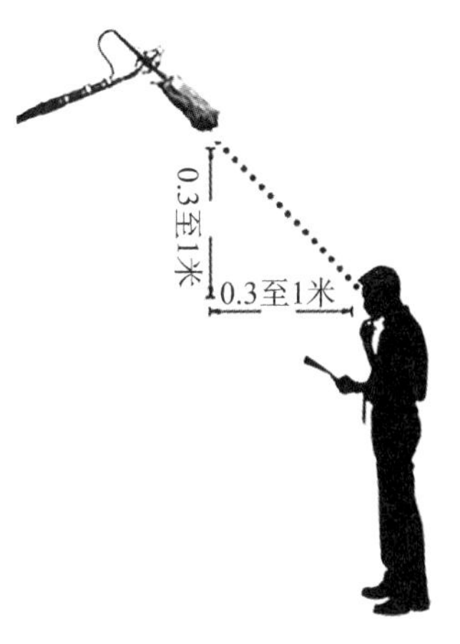

图4－11　挑杆的操作位置

以上诸多原则对话筒员提出了很高的要求，这就需要有一定的工作准备，包括但不限于：首先，如本章第一小节所述，事先完成详细勘景，并按照现场情况制定收音预案。若场地狭小，可以采用由下方延长伸展挑杆至声源的低挑操作方式，或考虑用无线话筒替代成套挑杆。其次，需要事先预览剧本，做到对情节发展、演员走位、角色对白有大致了解，从而准确落实挑杆的临场操作，不至于手忙脚乱。最后，有经验的话筒员会事先熟悉分镜本，做到对拍摄景别、灯光设置等画面细节了然于胸，从而有效避免挑杆误入画面或投下不必要的阴影。

上述挑杆收音的原理与技巧在室内场景中也可适用，只不过室外的声音环境更为复杂，只有经过长时间的学习实践及团队合作，才能不断完善技能，从容应对各种任务。

第五节　立体声收音基本原理与技巧

所谓立体声收音，是指要求完整记录整个声学环境的全貌，尤其是声音的空间位置，要在收音及回放的过程中，使声学环境的全貌得到精准的还原。最为基本的立体声收音便是涉及左右声道的平面立体声，另有5.1、7.1等涉及更多声道的环绕立体声。

这里首先需要厘清多单声道收音的概念，除了一些特殊构造的立体声话筒外，绝大多数话筒均处于单声道收音的工作状态，即收录的是空间信息完全相同的两路信号，也就无法还原出声音的空间位置。因而在实际操作中，往往采用多支话筒协作的形式，达到立体声收音的效果。立体声收音的主要形式包括：

一、重合组对立体声收音(coincident pair)

(一) XY 制式

话筒类型与位置：通常采用两支相同型号的心型话筒，拾音头位置上下重叠，且尽可能地靠近但不接触，并形成 90～110 度的夹角(见图 4－12a)。

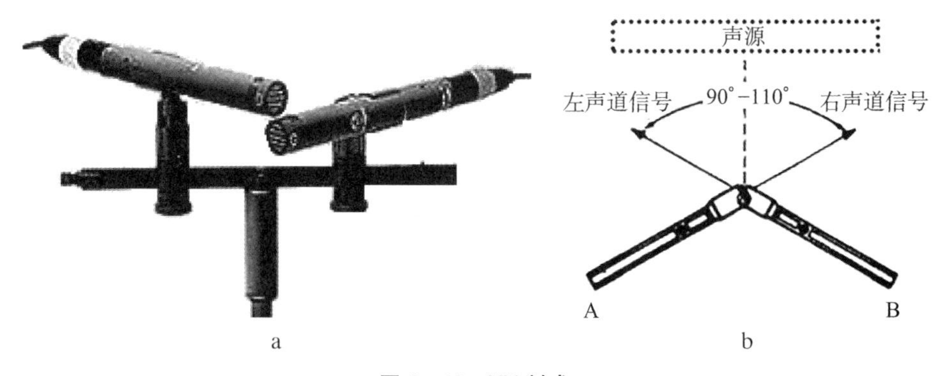

图 4－12 XY 制式

立体声收音原理：心型话筒于正前方拥有最高的拾音灵敏度，换言之，拾音头正对的信号源将收录最强的声压级，随着信号源逐渐偏离话筒的正前方轴线，其被拾取的信号强度也相应降低。

由此来考察 XY 制的收音情况(见图 4－12b)，当 A、B 话筒形成夹角进行收音时，声源中心位置正对夹角中心轴(图中虚线)，因而在两支话筒中形成相同的信号；而中心偏右的声源，由 A 话筒收录的声压级必然强于 B 话筒，中心偏左的声源反之。在后期处理中，A 话筒的信号被赋予右声道，B 话筒则为左声道，那么在回放过程中，中心声源将在左右两边喇叭形成同等强度的音量，而原本在右侧的声源将相应在右边喇叭中形成强于左边喇叭的音量，在第二章中提及的“德波埃效应”下，上述两侧喇叭的强度差别将引导人耳对于声音方位的判断偏向声压级较强的那一边，从而实现对声音位置的还原。

收音特点：XY 制采用最为常用的立体声收音方式。一方面，能实现较为精准的声像辨别与反馈；另一方面，拾音头位置的靠近重叠使得声音到达两支话筒的时间差降至最小，从而避免了相位问题。需要注意的是，两支话筒形成的夹角越大，所产生的立体声扩展得越宽，能够获得更为宽阔的声场以及更好的空间效果，但这种扩展需要经过不断调试，控制在合理范围内，以免产生过于松散、浑浊的混响。

（二）Blumlein 制式

这种立体声收音方法（见图 4－13）以其发明者英国电气工程师艾伦・布鲁姆莱茵（Alan Blumlein）的名字命名，形态上与 XY 制大致相仿，区别在于使用两支 8 字型话筒，以 90°夹角进行设置。

可以看到，Blumlein 制的最大特点在于对声学环境的全方位收录，对于空间内的直达声与反射声进行了最为广泛的捕捉，从而令整个空间混响得到了最完整的保留。

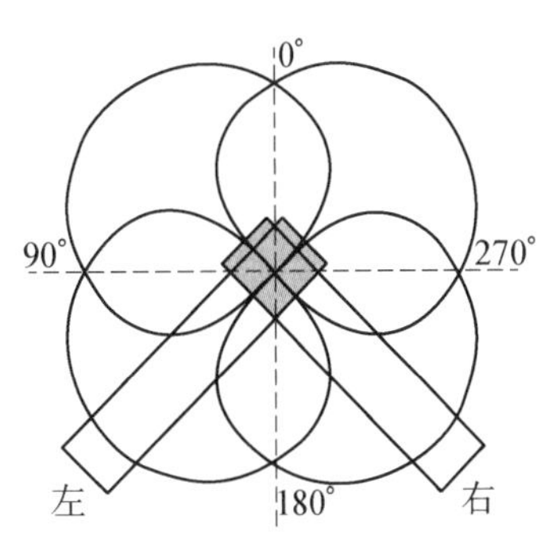

图 4－13　Blumlein 制式

（三）M/S 制式

话筒类型与位置：通常采用一支心型话筒与一支 8 字型话筒，心型话筒指向声源中间的位置，8 字型收录两侧的信号（见图 4－14a 与图 4－14b），因而 M/S 制也被称为中间/侧面制。

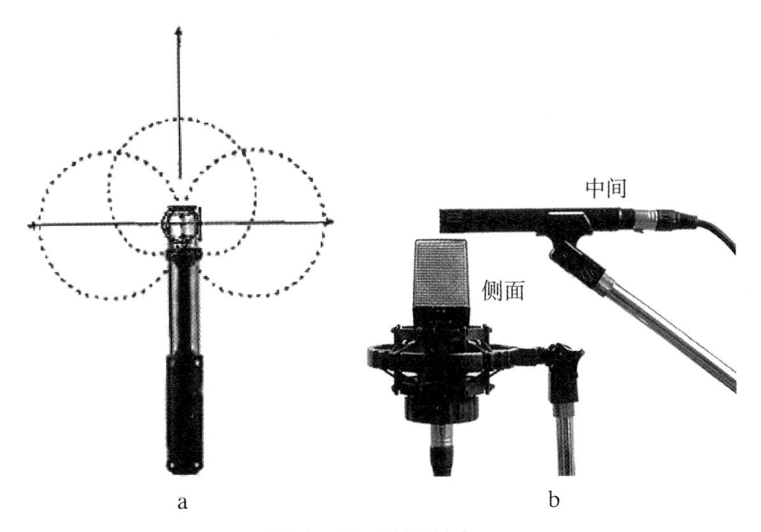

图 4－14　M/S 制式

收音特点：一方面，具有较强而精准的捕捉声像的能力；另一方面，也有灵活的声像处理能力。利用矩阵电路或 DAW，对中间与侧面信号进行相加与相减的处理，从而获得左右声道立体声。对于处理过程而言，便是保持中间信号声像居中，侧面信号复制后得到两轨，一轨声像拉向最左，另一轨做反相处理后拉向最右。由此，通过调整两路信号间的比例，便可以改变立体声所呈现的空间分布，若需要更强的混响效果或是更宽阔的声场，就增强侧面信号，反之亦然。若无需立体声效果，也可直接采用中间信号，实现对单声道录音的兼容。

二、间隔组对立体声收音(spaced pair)

A/B 制式

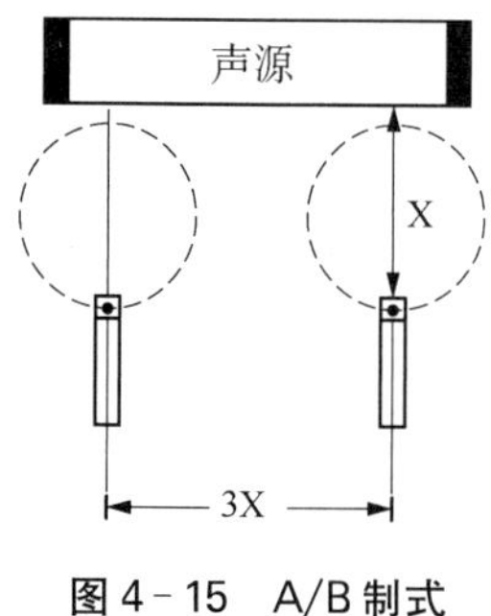

图 4－15　A/B 制式

话筒类型与位置：通常采用两支相同型号的心型或全指向型话筒，间隔一定距离后相互平行设置(见图 4－15)。话筒间距根据录音空间的大小，在 0.5 米～3 米间进行调整，但必须遵循三一原则，以免产生相位干扰的问题。

立体声收音原理：A/B 制为最早应用的立体声录制方法之一，对器材要求较低，且操作简便。当声源抵达两支话筒时，会产生一定的时间差，从而决定了声音的定位。

收音特点：具有较为高的立体声分离度，对环境声有较完整的保留，从而产生较强的临场感。但中间位置的声音较为薄弱，会有中空的感觉，可以适当添加一支中间话筒，进行弥补。

三、近重合组对立体声收音(near-coincident pair)

ORTF 制式

ORTF (office de radiodiffusion television francaise)由法国广播电视协会开发，并由此得名。

ORTF 在 XY 制式与 A/B 制式间取得了平衡，通常采用两支相同型号的心型话筒，以 110 度夹角、拾音单元相隔 17 厘米(有效模拟双耳间距)的方式进行设置(见图 4－16)，从而结合声音到

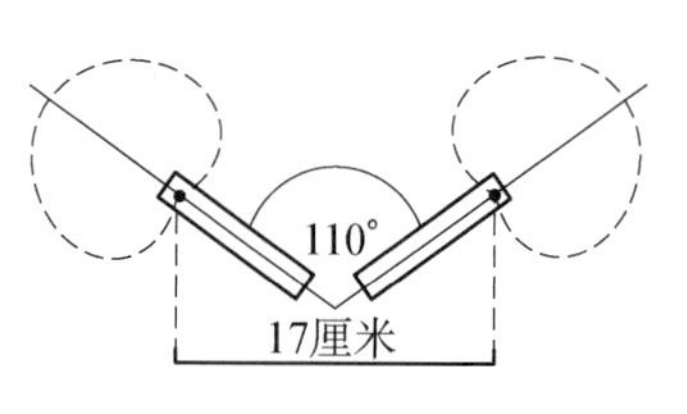

图 4－16　ORTF 制式

达两支话筒的时间差与强度差来较为精准地确定声像。ORTF 既能提供较高的立体声分离度,又能避免 A/B 制的中间声音空洞问题。

当然,为了更好地再现人耳对声音复杂的捕捉与感知过程,挡板式全指向组对立体声收音(baffled-omni pair)、[1]人头收音(dummy head)[2]等手段也有相当广泛的应用场景(见图 4-17)。

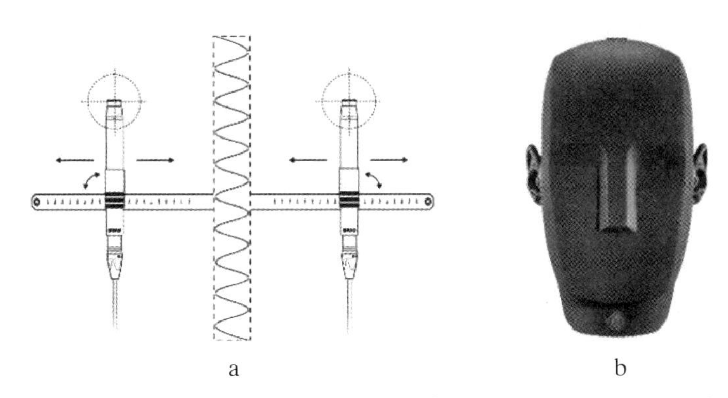

a　　b

图 4-17　a:挡板式全指向组对立体声收音示意图　b:Neumann KU 100 人头话筒

资料来源:Neumann 官网,https://en-de.neumann.com/ku-100,2021-8-11。关于 Neumann 人头话筒的详细介绍请参考本章电子资源或前列官网。

在日常实践中,多支话筒通常需要配合立体声录音支架完成整套设置。在使用过程中,通过标尺与刻度完成对话筒角度与间距的精确调整及控制,以符合各制式的参数要求(见图 4-18)。

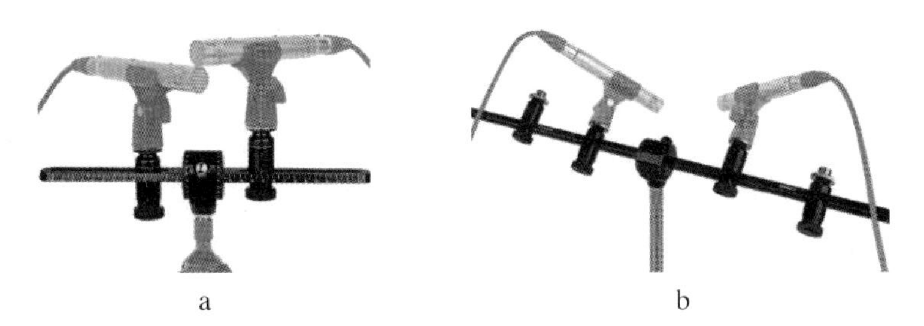

a　　b

图 4-18　a:爱克创 MAS006V2 立体声录音支架　b:爱克创 MAS008V2 立体声录音支架

注:关于爱克创立体声录音支架的详细介绍请参考爱克创官网:https://www.alctron-audio.com/index.html,2021-8-12.

---

① 挡板式全指向组对立体声收音通常采用两支相同型号的全指向型话筒,以双耳间距并置,且在话筒之间放置 2 至 5 厘米厚的吸音板,从而模拟人类双耳的拾音效果。

② 人头话筒基于仿生学,遵循头相关传输函数(head related transfer function, HRTF),极大程度地还原了声音在头部、耳廓、耳道等部位产生的反射、折射、衍射等复杂情况,带来身临其境般的声像效果。

另有一些无须额外装配、使用便捷的一体式立体声话筒，在视频制作中受到普遍欢迎。如 RØDE Stereo VideoMic X 内设 XY 制堆叠配置的一对电容拾音单元，从而能够实现立体声收音效果(见图 4 - 19)。

图 4 - 19　a：RØDE Stereo VideoMic X　b：VideoMic X 内部构造

注：关于 RØDE Stereo VideoMic X 的详细介绍请参考本章电子资源或 RØDE 官网：http://www.rode.com/microphones/stereovideomicx，2021 - 8 - 11.

第六节　环绕声收音基本原理与技巧

在平面立体声收音的基础上，进一步进行环绕声收音，其目的在于更精准地确定与还原前方声源及整体声场的音色及定位，从而营造更逼真、更具沉浸感的声音空间。

以最常规的 5.1 环绕声为例，其收音架构由此被确定为“拾取声源直达声的前方三声道体系和拾取环境信息体系，且两者通过一定的方式组合在一起”。[1] 换言之，可将环绕声收音视为拾取前方直达声及后方环境声，这是两个独立操作但又紧密相连的部分。

拾取直达声通常应用“迪卡树”(Decca Tree)及其诸多变种制式，来设置前方话筒阵列。“迪卡树”制式最早由“宝丽金”(PolyGram)集团下属的“迪卡”(Decca)唱片公司于 20 世纪 50 年代推出。“迪卡”的录音师罗伊 · 华莱士(Roy Wallace)与阿瑟 · 哈蒂(Arthur Haddy)在录制曼陀瓦尼(Mantovani)管

① 鹿楠楠. 5.1 环绕声制式拾音的应用与优化[J]. 现代电视技术，2014(5)：103 - 105.

弦乐团表演时首次在商业领域实践了此项技术。当时采用了3支诺音曼M49话筒配合T型支架，因为整体形态类似圣诞树，“迪卡树”的名字便流传开来（见图4－20）。

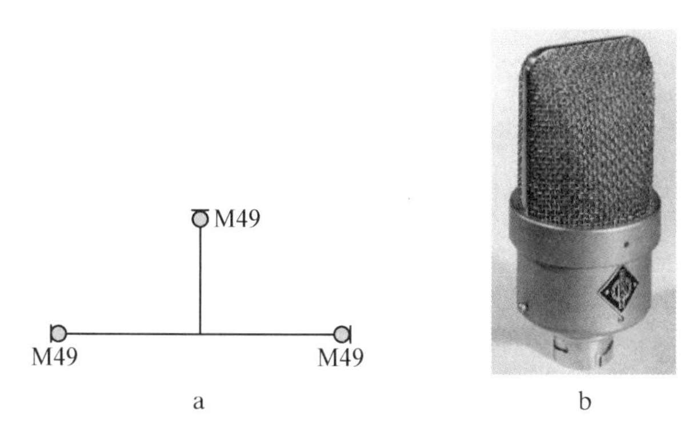

图4－20　a：迪卡树的最初基本设置　b：诺音曼M49话筒

M49话筒随后又经历过KM56、M50等多款型号的调整，演变至今，“迪卡树”成为交响乐、歌剧等音乐厅现场演出的经典录音制式，其前部话筒阵列的总体设置结构为：通常采用三支全指向话筒，以强化融合感与空间感。左右话筒指向左右声源且间距约2米，中置话筒指向中央且设于左右连线正前方约1米，三者形成三角树状排列，整体高度离地约3.5米，置于指挥位置的后上方（见图4－21）。

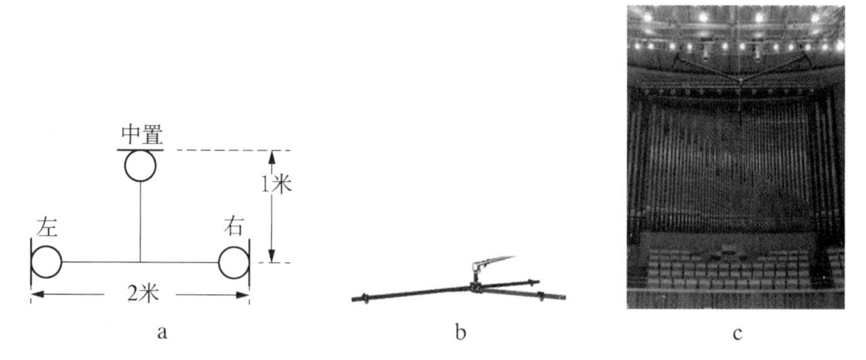

图4－21　a：“迪卡树”基本结构　b：AEA“迪卡树”支架　c：音乐厅中设置的“迪卡树”

注：关于AEA“迪卡树”支架的详细介绍请参考AEA官网：https://www.aearibbonmics.com/products/decca-tree-with-sliders/，2021－8－22.

相较于定位准确但空间感欠佳的XY制式（主要以强度差定位）、空间感较强，但定位欠佳的 A/B 制式（主要以时间差定位），“迪卡树”基本上结合了两者的优点，相当程度上达到了定位与空间感的均衡。

至于拾取后方环境信息的任务则由另一组话筒阵列完成，常见的有两种：一是双 ORTF 制式，由两组 ORTF 背对背形成阵列，每组设置均需遵循 ORTF 的参数标准（110 度夹角、相隔 17 厘米），前后两组相隔 25 厘米；二是滨崎正方形制式（hamasaki square），由日本广播公司（NHK）推出，采用四支双指向型话筒，拾音头一律朝外，话筒间相隔约 2 米构成正方形排列（见图 4－22）。

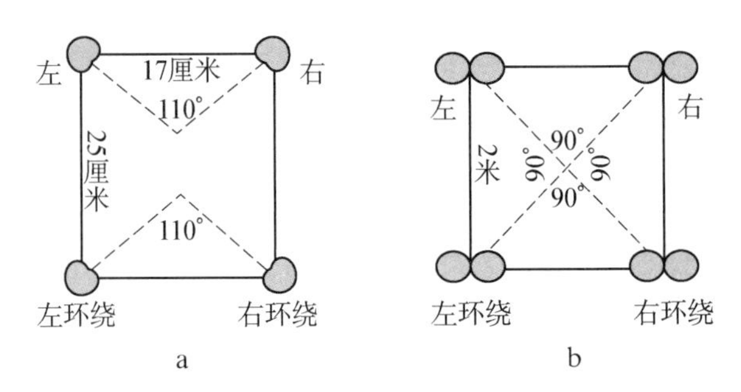

图 4－22　a：双 ORTF 制式　b：滨崎正方形制式

前后话筒阵列组合为整体的环绕声拾音系统，当然，根据现场环境与录音要求，整套设置可以基于“迪卡树”产生更为灵活与丰富的调整，比如以心型等指向性话筒替代全指向话筒，或不同类型混合使用，从而调整直达声与混响声的比例。一些典型的综合方案包括：

（1）“深田树”（fukada tree）方案：由日本广播公司科学技术研究实验室（NHK science & technology research laboratories，NHK STRL）的工程师深田明（Akira Fukada）发明，主要构架为前后两部分（见图 4－23）。前部 5 支话筒组成的阵列为“迪卡树”的扩展形态，中置心型话筒前伸 0.9～1 米，左右 2 支心型话筒距中间线各为 0.9～1 米，并呈 45 度设置，再沿上述 2 支心型话筒水平连线等高位置延伸，设置 2 支全指向型的侧展话筒。设置侧展话筒的意义在于有效增强两侧的声音信号强度，且拓展整体声像宽度，使得远离中间的声源信息仍能清晰、统一地被表现出来。后部阵列由两支心型话筒构成，主要用于收录环境混响。前后部阵列相隔 1.8～2 米，后部两支话筒间距 1.8～2 米，并呈 45 度。

（2）NHK 方案：也被称为“滨崎系统”（hamasaki system），由日本广播公司科学技术研究实验室的工程师滨崎公夫(Kimio Hamasaki)发明。NHK 方案与“深田树(fukada tree)”主体结构类似(见图 4－24)。前部阵列亦由 3 支心型话筒与 2 支全指向型侧展话筒组成,中置心型话筒前伸 30 厘米,左右 2 支心型话筒间隔 30 厘米,并呈 45 度,因为位置结构更为紧密,左右话筒间会设置隔离挡板以防止声道混淆。侧展话筒间距拉开至 3 米。后部阵列的 2 支心型话筒间距约 3 米,且距前部阵列约 3 米,也呈 45 度。

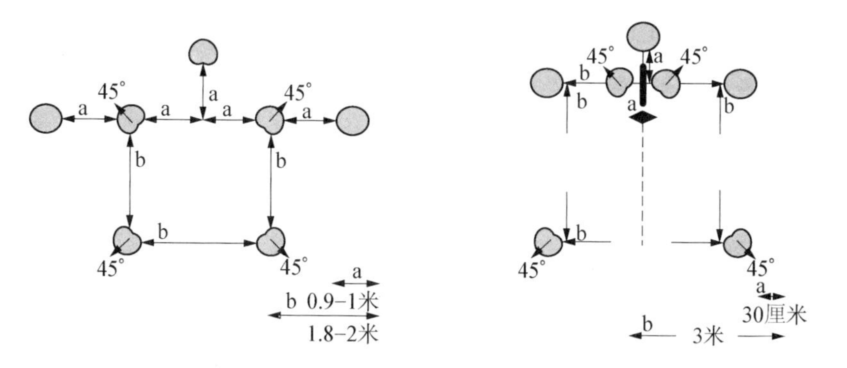

图 4－23　Fukada Tree 方案的基本结构　　图 4－24　hamasaki system 方案的基本结构

(3) DMP 方案:由 DMP(digital music products)唱片公司的工程师汤姆·荣格(Tom Jung)发明。其前部阵列由三支心型话筒组成,间隔数厘米,后部阵列采用一支重合对立体声话筒(见图 4－25),或一组间隔组对话筒,以实现对环境声的收录。话筒间距可以根据现场环境进行恰当调整。

(4) ICA(ideal cardioid arrangement)方案:5 支心型话筒就同一中心点以星形发散分布,通常会使用特制的五臂支架。在前部阵列中,中置话筒前伸 17.5 厘米,左右 2 支话筒距中间线各 17.5 厘米,并与中间线呈 90 度向外。后部阵列的 2 支话筒间距 60 厘米,且距前部阵列 60 厘米,并与中间线呈 150 度向外(见图 4－26)。

以“迪卡树”为核心的环绕声收音方案还有诸多形式,在此不一一列举,另有一些不依赖“迪卡树”的收音形式也有相当广泛的应用场景,一些典型方案包括:

(1) 双 M/S(Double M/S)方案:为前文介绍的 M/S 立体声收音制式的扩展形态,在原本使用一组话筒(一支心型与一支 8 字型)的基础上,变形为一前一后两支心型话筒,同时配合一支 8 字型(见图 4－27),也可再次变形为 4 支心

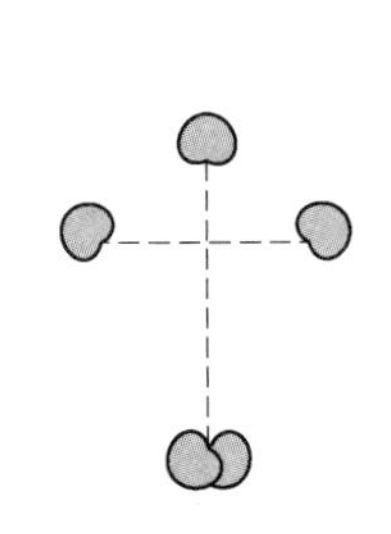

图 4－25 后部采用重合对立体声话筒的 DMP 方案

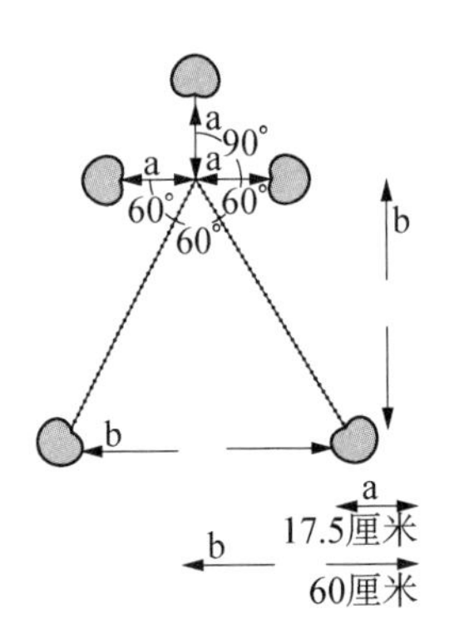

图 4－26 ICA 方案的基本结构

型话筒的组合。在标准的心型加 8 字型组配中，由心型话筒提供中央信号，8 字型提供双侧信号，录制得到的各路信号需要经由再次混音，才能成为最终的环绕声信号。混音处理须遵循以下规则：环绕声中央信号为 M 前信号，左路为 M 前＋S，右路为 M 前－S，左环绕为 M 后＋S，右环绕为 M 后－S。这种信号叠加/减的后期处理方式，亦使得双 M/S 方案对于最终声像的产出有较为灵活的控制。

（2）上述方案也可产生变形：如前后方各设一组 M/S 话筒（见图 4－28），前方组用以收录直达声，后方组一般设置于临界位置（即直达声与混响声强度达到平衡之处）。

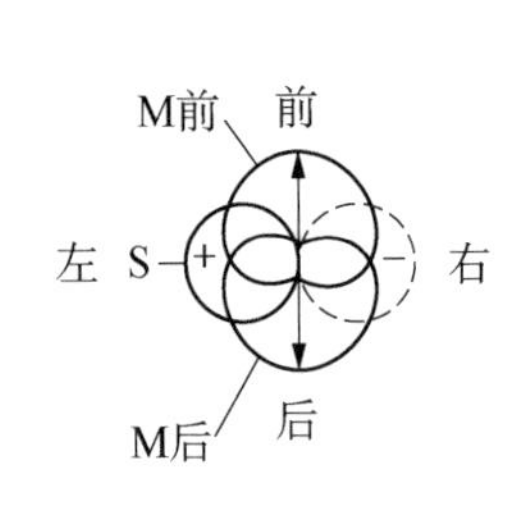

图 4－27 两支心型配合一支 8 字型构成的双 M/S 方案

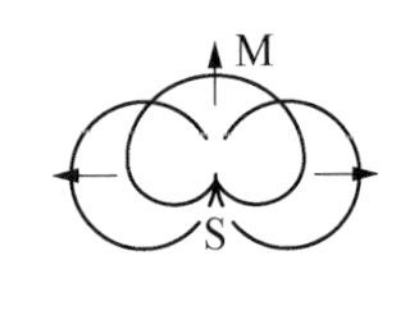

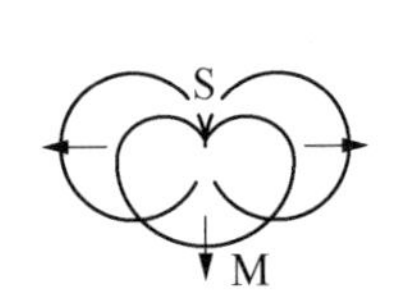

图 4－28 两组 M/S 构成的双 M/S 方案

(3) 迈克·索科尔方案(mike sokol's FLuRB array):也被视为双 M/S 方案的另一种形态,由四支心型话筒以重合组对形式排列,分别形成 0 度、90 度、180 度及 270 度的设置(见图 4-29),以对应后、左、前、右方的信号拾取。

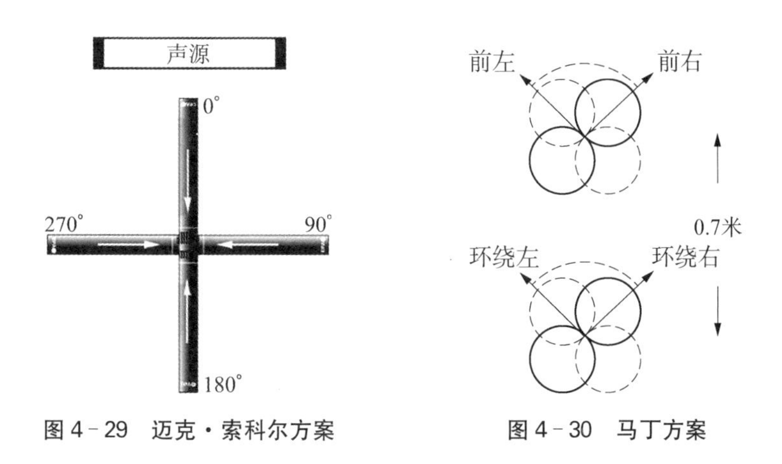

图 4-29　迈克·索科尔方案　　图 4-30　马丁方案

(4) 马丁方案(martin method):由杰夫·马丁(Geoff Martin)发明,由两组 Blumlein 制式构成整套环绕声录音系统(见图 4-30),前方组负责前置信号,后方组则负责环绕信号,前后组间隔约 0.7 米,中间可添加中置话筒以补充对直达声的获取。

总之,上述环绕声收音方式,在器材设置、收音效果、后期处理等方面各有差异,需要在不同场合、不同要求下灵活应用。

1. 收音工作开展前,涉及哪些准备工作? 作用是什么?

2. 常见的话筒附件有哪些? 如何合理地与话筒配合使用?

3. 在室内环境中,如何根据不同要求合理地设置话筒? 在室外环境中,对于器材的选择与使用又有何要求?

4. 立体声收音有哪些主要制式? 各自的特点又是什么?

5. 环绕声收音有哪些主要方案? 设置原理与使用技巧各是什么?

◆ **扩展阅读**

请于本书配套云盘中获取:本章中提及的部分产品的使用手册与应用案例。

第五章

配音拟音制作与技巧

- 了解早期电影艺术的声音表达。
- 了解配音的工作流程、基本方法与技巧。
- 了解拟音的应用场景、工作流程与方法。

在掌握了收音的基本原理与技巧后，本章将讨论配音、拟音这两个重要的声音制作工艺。配、拟音是声音制作，尤其是声画同步制作中的重要步序，被广泛运用于电影、电视、影像游戏、有声小说、声讯电话、语音信息等各类型的声音制作之中。在具体介绍配、拟音的方法与流程之前，不妨由最早期的默片开始，了解影、音两大要素联手实现的艺术呈现。

第一节　默片的声音呈现

19 世纪后期电影宣告诞生，一门伟大的视听艺术踏上了漫漫的探索之路。初期的电影，因为录音技术的局限，以“默片”的形式出现在大众面前，1894—1929 年被称为电影发展中的“默片时代”，但需要指出的是：“默片时代”的“默”体现在电影拍摄现场无法同步录制演员的说辞以及即时声效，因而剧中人物的对白、场景中各式物件的声响于电影放映时，无法再现给观众，但创作者们仍然努力发挥想象力，极尽所能地弥补这一听觉上的缺憾。

一些导演曾于银幕后安排工作人员，依剧情说话，并巧妙地利用压缩空气来扩大声音，令坐在剧院里每一个角落的观众都能够听清，这便成为最为早期的实时配音工作。但这种方法制造出来的声音带有浓重的鼻音与空气声，产生噪声的听觉效果并不令人愉悦。

在法国的电影院内，导演奥古斯坦·巴隆曾尝试在每位观众的座椅上安置一副耳机，并通过蜡管将耳机与留声机连接在一起。观众在欣赏银幕画面的同时，也能聆听音乐。

有些院线则会在影院内安排乐团，根据剧情发展进行即兴伴奏（见图 5-1）。其实早在 1895 年 12 月 28 日，当卢米埃尔兄弟在巴黎的“大咖啡馆”首映自己的电影《火车到站》时，便有一位钢琴师进行现场演奏。现场演奏音乐对于营造影片气氛以及调动观众情绪都具有一定的效果。有些时候，音乐师甚至会在拍摄进程中，于片场进行演奏，也是为了调动演员的表演情绪。

图 5-1 默片时代的现场配乐

资料来源：当来自法国的管风琴大师“遇上”民国神级默片！，搜狐，https://www.sohu.com/a/222643927_298671，2021-1-12.

不过在当时，为默片演奏的多为即兴创作，随着影片产量的提高，以及电影播放的普及，为电影度身定制乐谱才流行起来。1915 年，在格里菲斯（D. W. Griffith）的不朽杰作《一个国家的诞生》中，布雷尔（Joseph Carl Breil）就编写了几乎所有的配乐。

在默片的高峰时期，美国的电影界成为雇佣乐师最多的行业，其他国家的电影创作者们也都尝试用各种方法把声音带入电影。在巴西，默片会配以清唱表演或小型歌剧，或歌手在后台配合唇形唱歌；在日本，除了现场制作电影音效之外，还有弁士（benshi）为电影做现场配音和评论（见图 5-2）。

图 5-2　1930 年为坂东妻三郎电影做讲解的弁士

图 5-3　卓别林电影(弁士版)放映会

弁士这一独特的行当因默片而生,却有超出默片时代的生命力,这无疑是个十分值得探究的有趣命题。弁士的职权很大,甚至可以跟导演商议,延长某一段落,以便他们在电影播放现场充分发挥个人解说的魅力。作为后期人员的弁士,其工作实际上介入了影片的制作过程,对导演的创作进行了干预,从而影响了影片的形态。通常可以见到的情况是,剪辑完成的影片存有导演版和制片版,到了日本,则会有导演版和弁士版。弁士就这样如同“第二导演”般延续下来,不仅在当时备受尊敬,而且逐渐壮大成为一支职业队伍活跃至今(见图 5-3)。

由此可见,电影从来就没有“沉默”过,使电影有声的愿望在电影萌芽阶段便强烈地存在着。注重影像与声音的双重表现,始终是电影创作者们的不懈追求。

当然,上述提到的现场演奏、配唱,乃至弁士,这种种后期手段均带有辅助的性质,只能称为一种富有创意的弥补,但由于同期声的缺失,任何后期与外加的声音都无法完美地与画面本身结合起来,从而共同传递信息,表现电影主题,两者的统一性始终难以达到尽善尽美的境地。因而,在“默片时代”,创作者会将更多的精力投入到如何利用电影固有的画面元素来传递声音的感觉,做到以影传声,于“无声”中创造“有声”。在回顾默片发展历程时,不难发现,以下四种为创作者们经常使用的手段。

一是通过听觉形象表现声音的传感。比如先给出一个表示人物正在倾听的画面,然后紧跟一个表现出声源的镜头;或是将两者利用叠画的技术手法进行处理。比如在影片《游艺场》中，先出现一个剧中人物正在倾听的耳部特写，然后叠加出少妇在走廊内行走的画面。

这类手法在现在看来，使画面稍显牵强，但简简单单的一两个镜头便能明了地描绘出“发音源”与“接听方”之间的关系，进而表达出声音进行传递的感觉，效果还是令人称奇的。

二是利用心理联想体现声音的存在。在默片中，一连串的蒙太奇镜头往往可以很好地将声音视觉化，引发观众的联想。如在《纽约码头》一片中，为表现枪炮的爆裂声，导演在枪口冒烟的画面后，紧跟了一个群鸟受惊飞起的镜头。在《十月》一片中，观众先看到开炮的情节，然后切换至东宫内部，豪华的吊灯开始晃动，而且越晃幅度越大，在视觉上产生了震动感，从而令观众在听觉上联想到炮火轰击之剧烈(见图5-4)。又如在《拿破仑》一片中，导演用了一组不同景别的镜头来表达钟声回荡、不断向远方延伸的感觉。起初是大钟的四个特写，再是一连串镜头不断推近的大钟画面，最后无数只大钟重叠在一起，赋予观众强烈的声音感。

图5-4 《十月》影片截图

三是使用间幕插入展现声音的内容。观赏默片时，观众常常会在镜头间看到文字或其他符号的插入画面、内容，或是展示出剧中人的主要对话，或是对电影内容的评价，甚至是对之后剧情发展的暗示。比如在电影《向西部出发的车队》中，当一位青年引吭高歌时，画面叠加出所唱歌曲的乐谱。在《十月》中也有大量的间幕出现(见图5-5)。

很多时候间幕已经成为影片中不可或缺的一类视觉元素，试图对电影本身或电影内人物的行为进行简要介绍或阐述，作用不可小视。间幕的写手也就成为默片时代电影业界中非常重要的一项专业工种，甚至往往与编剧的工作分

图 5-5 《十月》间幕

注："3A MNP"，意为"为了和平"。

开，独立进行间幕文稿的编写。

四是运用动作、表情传达声音的信息。默片的演员在某种程度上类似哑剧演员，需要强调肢体语言与面部表情，从而令观众感受到演员想要推动的故事情节以及试图刻画的心理状态。在默片初期，常采用较为戏剧化的表演形式，原因大致有二：其一是考虑弥补声音表达的缺失；其二便是部分演员习惯性地将之前的舞台表演经验带至了电影制作之中。即使在当年看来，这样的表演也显得舞台化，因为电影毕竟是经由大银幕投放的，在各种近景、特写等小景别的画面之中，任何夸张的演绎效果都会被数倍地放大，令观众感到失真与难以接受；而舞台表演始终以全舞台的大景别呈现于观众眼前，且因为一定的距离感，令超常的肢体语言或是丰富的面部表情反倒显得恰如其分，不至于令角色消失在宽广的舞台上，且更能有效地抓住观众的注意力。

随着观众越来越追求返璞归真的银幕演绎，演员们开始尝试采用更为生活化、常态化的表现方式，时至 1920 年代中期，这种自然主义的表演理念在美国电影业已普遍获得认同与实践。

这些由演员、编剧以及导演等所有创作人员所做出的种种努力，令默片达到了相当的艺术高度。而在这些伟大影片背后的电影艺术大师们，如梅里爱(Georges Méliès)、格里菲斯(D. W. Griffith)、卓别林(Charles Chaplin)、爱森斯坦(Eisenstein Sergey)等，在丰富大众精神世界的同时，创造并完善了大量电影创作的规律与美学理念，从而被载入了电影发展的史册。

随着影音技术的发展，默片经历盛年而终于步入"晚年"，就像影片《艺术家》描绘的那样，当时不少导演、演员等电影从业者对有声电影的出现心怀抗拒，甚至嗤之以鼻，但有声电影终究如同一股不可阻挡的浪潮汹涌而来，翻开电影史上新的一章。

第二节 早期有声电影的探索

有声电影，是指具有与画面同步的同期声的影片。这些同期声包括拍摄时演员录制的对白、应有的现场声，以及影片后期制作时添加的旁白、配音，或是音乐、音效等。

这与此前默片在放映时加以现场演奏、配唱，或是解说等"后发声"的形式相比有了质的转变，是电影由"外在声"转向"内在声"的进化。

有声电影首次向公众进行展示可追溯到1900年的巴黎。在默片风行的时代，有声电影的出现起初并未受到所有人的欢迎。英国电影研究学者保罗·罗萨(Paul Rotha)曾在一项全球电影研习报告中毫不客气地指出："在电影中，对白、音效等一应俱全地与画面对应，是对电影本质的完全背离。此种做法将分解并摧毁电影真正的表现效用，应该为之摒弃。"①

这种抵触或多或少地表露出了一些业界普遍的恐惧——一种对有声电影降临的恐惧。在默片艺术家们创作了大量默片经典，构建了系统的电影语言，并将默片推至巅峰之时，电影开始自己发声，这无疑是对原有创作模式的一种颠覆。新事物出现之时总会受到原有势力的抵制和反抗，这在电影界也不例外。

毫无保留地推动有声电影进行到底的是一众发明家们。爱迪生继发明了活动电影放映机(kinetoscope)后，通过不懈的努力，将留声机巧妙地与此放映设备结合在一起。这台最原始的影音并行放映机器于1893年的芝加哥世界博览大会上亮相，经历了一系列的修正与改进之后，1894～1895年，爱迪生再次推出了升级版，并将其命名为卡尼风(kinetophone)(见图5-6)，随后进行了一

---

① 其原文为："A film in which the speech and sound effects are perfectly synchronized and coincide with their visual image on the screen is absolutely contrary to the aims of cinema. It is a degenerate and misguided attempt to destroy the real use of the film and cannot be accepted as coming within the true boundaries of the cinema。"

系列的拍摄与放映实验。

而这只是一个开始，时至20世纪年代后期，三种相对成熟的制作有声电影的技术开始在业界逐步推广开来。

图5-6　卡尼风

首先，是一种称为高级声音胶片的技术（advanced sound-on-film）。拍摄时使用两类感光性能不同的电影胶片，一类用以摄制画面，一类用以记录声轨。在后期处理时，两条胶片被合印于一条正片之上，画面与音轨进而形成一条复合片（married print）。

放映系统带有声音还原装置，可以将胶片上的光学信息恢复为声音，如果在摄制时，声音信息与画面信息被同步地记录、固定在胶片上，那么在回放时，声画无疑可以达到完全的对位。

1919年，美国发明家德·福雷斯特（Lee De Forest）首先获得此项技术的专利，并致力于此技术的商业化。1923年4月15日，在纽约城的里沃利影院（rivoli theater），第一部采用高级声音胶片技术的有声电影面世。

其次，是一种称为高级声音唱盘技术（advanced sound-on-disc）（见图5-7）。影片声音被记录在留声机的唱盘上，而留声机的旋转盘部分通过机械连锁与特别改制过的电影放映机相连，从而达到画面与声音播放同步的效果。

图5-7　西方电气推出的Sound-on-disc系统

资料来源：http://tubebbs.com/viewthread.php?tid=336263&extra=&ordertype=1.2021-1-20.

1925年，当时仍在一间小制片厂工作的华纳兄弟开始进一步发展声音唱盘技术，并成功研制出了维他风（vitaphone）系统。1926年8月6日，应用此系统完成的3小时巨制《唐璜》（*Don Juan*）盛大上映。此片创下了不少纪录，最重要的一项便是成为首部采用了同步声音系统且达到完整剧情片长度的有声电影。

然而严格来讲，《唐璜》并非一部真正的有声电影，因为它的音轨虽然包含了配乐与音效，但缺失了最重要的演员对白。换句话说，它仍以默片的形式进行拍摄，只不过配乐与音效通过维他风系统录制，并于放映时与画面同步播放，而不再依靠剧院内的乐队进行演奏。此片的录音师乔治·格罗夫斯（George Groves）为达到目标，事先对一支拥有107人的交响乐队进行实况录音，也可以称得上是电影史上第一位混音师了（见图5-8）。

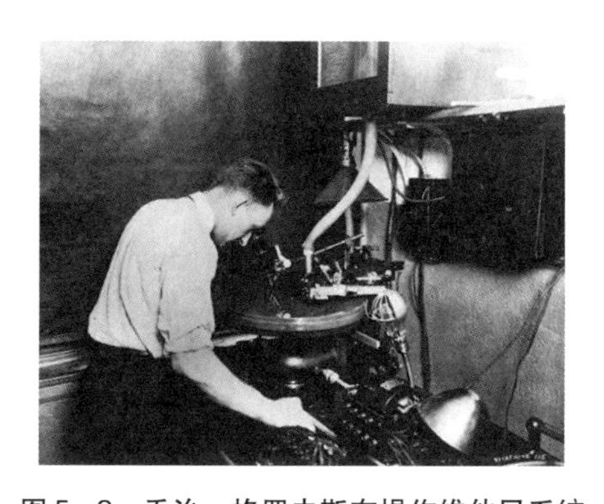

图5-8 乔治·格罗夫斯在操作维他风系统

资料来源：http://jens-ingo. all2all. org/archives/date/2013/08. 2021-1-20.

值得一提的是，《唐璜》于放映时，加映了一段4分钟长的简介，由当时的美国电影协会（motion picture association of america）主席威尔·海斯（Will H. Hays）主讲，并加映了八部音乐短剧。演讲与短剧的声音均在拍摄时录制，然后由维他风系统回放，这些额外内容可以算得上是最早的有声影像艺术的展示。

最后，是高保真电子录音与放大技术（fidelity electronic recording and amplification）。早在1922年，美国电话电报公司（AT&T）西方电气（western electric）的研发与制造部门便开始了对声音胶片技术以及声音唱盘技术的同步研究。他们的优势无与伦比，因为声音唱盘系统中的留声机是由电话机演变而来的，而电话机本身则是从电报机发展出来的，而与电影几乎同时诞生的无线电报，配合以后无线电广播的发展，使有声电影技术中亟待解决的一些问题，通过“扩音器”的电气录音以及“三级真空管”的音响放大功能迎刃而解。

掌握了大量电话、电报以及无线电技术专利的 AT&T 再接再厉，连续推出了以电子录音及回放技术为基础的电影制作设备，包括高灵敏度的电容话筒以及弹性线录音机。之后 AT&T 麾下的贝尔实验室（bell labs）在声音回放技术上获得了跳跃式的成功，一套复杂的声音放大系统令电影的声音可以透过喇叭以惊人的音量再现给观众。

1927 年 10 月 6 日，华纳公司的《爵士歌王》（*The Jazz Singer*）首映（见图 5－9），此片堪称里程碑式的成果，当年美国及海外票房高达 260 万美金，是华纳过往单片票房的两倍有余。

图 5－9　以维他风为卖点的《爵士歌王》海报

全片以新型的维他风系统处理电影声轨，与之前的《唐璜》一样，大部分影片并未包含拍摄现场的实地录音，而是依靠配乐与音效。然而，让观众大吃一惊的是，当主角艾尔·乔森（Al Jolson）开口唱歌之时，电影音轨完全转为现场录制的同期声，其中囊括了乔森的音乐表演以及他的两次即兴演说。

有人将《爵士歌王》的巨大成功归功于音乐片巨星乔森，而对片中有限的同期声不屑一顾，但此片丰厚的回报令好莱坞电影界开始对有声电影的创作投入高涨的热情。

时至 1929 年，华纳推出的《纽约之光》，被认为是首部完全意义上的有声电影；再至 1930 年，只剩下 5%的好莱坞影片坚守默片的制作。

1931 年 3 月，由上海的明星公司拍摄的第一部蜡盘发音的有声故事片《歌女红牡丹》在新光大戏院公开上映，中国第一部有声电影由此问世（见图 5－10）。片中除了对白，也充分利用有声优势插入了《穆柯寨》《玉堂春》《四郎探母》四段由梅兰芳先生代唱的京剧片段。影片公映时盛况空前，并在全国各大城市引起了轰动，之后发行到菲律宾、印度尼西亚等多个国家。

1936 年，卓别林推出了他的最后一部默片《摩登时代》，正式标志着默片时代落下了帷幕。有声电影从此成为电影制作的标准。

图 5－10 《歌女红牡丹》剧照

资料来源：https://baijiahao.baidu.com/s?id=1728058195875192007.2021－2－1.

第三节 配音制作与技巧

自电影问世以来，配音工作便如影随形，特别是进入有声电影时代后，配音成为声音后期处理阶段必不可少的一环。当然，正如本章篇首所提到的，配音也被应用于种类繁多的视听艺术创作之中，成为一种使不同类型作品加入语音或替换原有语音的基本操作。

无论是哪一类的配音工作，都是一项极富挑战性的语言艺术创作。在剧本完成角色刻画、演员通过表演，或是动画师通过电脑渲染将角色影像呈现出来的前提下，配音演员只能通过话筒对固有的影像角色进行声音层面的再塑造，这就令配音操作受到角色的年龄性格、社会地位、行为偏好等已有特质的限制，使配音演员不可能随心所欲地加以发挥，令角色的视觉形象与听觉形象脱离。

配音演员在着手工作前，又必须对广播剧本或是原有影片的主题风格、艺术样式、时代背景做全面的分析，并深入了解剧情脉络和角色形象，把握角色的个性特征及情感变化，进而拟定出相应的配音方案。在实际操作时，更需要充分发挥自身的声音创造力，配制出最贴合剧中角色的定位、最能丰富角色的形象，且为本土观众所能理解和接受的声音。

这就要求优秀的配音演员掌握出众的职业技能，具备良好的职业素养，主要包括：口齿清晰、表达顺畅，没有语音表达障碍；掌握纯正母语，没有明显的口音；读稿迅速，文句理解力强，现场思维与反应灵敏；学习能力与领悟能力强，举一反三，能在实践中不断累积经验；表演能力与模仿能力强，对千变万化的声音，有创新性地再现与诠释的能力；对文学、音乐、舞蹈、历史、科学等各学科均有一定的认识，这是快速高效理解不同领域文本的重要基础；性格积极向上，感情充沛，能适应高强度工作。

有些人认为天生拥有一副好嗓音是成功配音演员的关键。不可否认天生就有浑厚的男声或是甜美的女声，的确是个不可多得的有利条件，演员可以制配的角色范围也因此较广，但作品中也必定会出现一些或长或幼、或文或舞的角色，需要具有不同嗓音特质的演员来配音，一些反面角色或是非主流角色也可能需要特别的声音来演绎，因而好嗓音并非一个完全的必要条件，更何况通过发声技巧的学习以及经验的积累，不少配音演员可以通过变声来完成特定的配音工作，变声后的声音与其平时说话时的声音，可能相去甚远。

配音的工作范畴通常包括：为设定的角色配录人声；为作品中的外国语对白替换本国语言；以及后期补录台词（additional dialogue recording，ADR）等。前两者比较容易理解，也最为常见，而后期补录台词是一项较为繁复的工作，一般出现在以下三种情况中。

一是现场录制时采集的声音素材出现问题，可重新为有瑕疵的片段补录对白。如在一般的影视制作中，收音师在拍摄时录制的声音难免混杂着拍摄器械、周围交通、往来动物、风声雨声等现场噪声，噪声严重时可能会影响到需要录制的声音素材的清晰度。在后期制作中，声音总监会判断哪些部分需要舍弃并进行重新配音。而在一些音乐片中，未能尽如人意的演唱片段亦可通过配音的方式进行后期修正。

二是演员自身嗓音音质欠佳、语音不标准或与剧中角色定位背离，无法采用其真声，可利用配音演员的声音进行替换。比如，在卢卡斯（George Lucas）的经典影片《星球大战》系列中，角色维达（Vader）便是由大卫・鲍罗斯（David Prowse）扮演的，而由詹姆斯・琼斯（James Earl Jones）进行全程配音，因为导演对于维达这样一个极具悲剧性的角色造型，提出了“嗓音深沉、具有回荡感”的设想，而鲍罗斯的自身条件令他无法满足导演的要求，于是琼斯便在后期处理中完成了对角色的声音塑造。

三是拍摄完毕后对剧本台词必须进行改动，唯有利用配音录制新台词，插入原片中进行弥补。

这三类配音处理均称为后期补录台词，但值得留意的是：由于补录的声音与原画面素材的口型难以完全匹配，尤其在后期需要修改台词的情况下，此类问题更为突出，剪辑师有时不得不用全景或角色的反打镜头替换原片中的近景或特写画面，以免观众发现口型不对位的穿帮镜头。

这一困境随着一些新技术的研发而得到改善。比如，卡梅隆的全新概念的“台词自动采集还原系统”(automated dialogue replacement)能在已拍摄的角色影像中，嵌入新修正台词的面部扫描捕捉，以完成画面修改。而越来越多的动画制作程序开始利用语音库配合口型自动生成技术，合成动画影音片段，令配音工作逐步进入人工智能阶段。

配音演员在世界各地的影视制作业中都占有一席之地，但各个地区的发展程度有所不同。在欧美地区，非母语影视作品大都以添加字幕的形式进行放映，配音工作集中于动画片以及专为孩童收看的作品。

在亚洲地区，配音有着相当悠久的传统。早在20世纪30年代，中国便开始为外来影片进行国语配音，时至70年代，甚至一些来自美国、日本、巴西等地的电视剧也开始经配音向大众播放。上海电影译制厂便是中国声誉卓著的一家专业译制外国影视片的机构，配制了大量优秀的作品，作品包括早期的《追捕》《魂断蓝桥》《基督山恩仇记》到《音乐之声》《真实的谎言》，直至《哈利·波特》《功夫熊猫》等，数十年间上海电影译制厂涌现出了大量知名的配音演员，如乔榛、丁建华等。

一个值得留意的现象是，在现今的配音工作中，制片方出于宣传、票房的考虑，往往会安排一些非配音专业的影视明星来担当配音演员。比如，《大闹天宫3D》版中，制片方以“史上最强明星配音阵容”为卖点来推销作品，其中“孙悟空”的配音为李扬，“玉皇大帝”的配音为陈道明，“东海龙王”的配音为陈凯歌等。这一现象也回应了上文，显示出配音可以由任何口齿清晰的人来完成，各种声线都可以在各类作品中找到发挥之处。

就现时而言，配音工作的流程大致可以分为如下两大阶段：

一是配音文本准备阶段。对于单纯的音频制作而言，配音文本是事先撰写好的文本；对于配合影像制作的配音而言，则需要完成对原始文本的初步翻译、配音文本的写作、配音镜头的划分等几道工序。

如引进了一部外语片，决定配以本国语言进行发行放映，便需要寻求专业的配音机构进行一系列的翻译、录音及后期合成工作。制片会第一时间与配音机构研讨沟通,提出一些大体要求,比如希望以何种声线来演绎原片中的角色、在处理外国语时希望采用何种风格进行翻译、哪些语汇需要避免,有些时候,制片已有了一些心仪的配音人选,也会听取配音机构的意见。

一旦配音思路及其相关演员确定后,制作方便会安排配音导演,并制定详细的配音计划,配音制作主管也会在同一时间开始原片声音文稿的翻译工作。

配音翻译文稿的撰写并不简单,第一,需要准确、完整地将原片的语意、语境翻译出来;第二,翻译后的文稿亦须反映出本国语言的特色,用词得体、行文优美,而不仅仅是语法上的对译。严复先生对于翻译工作所讲的"信达雅"便是以上两重意思。但对于配音文稿的翻译,最难的还在于第三点:在"信达雅"的基础上,还须考虑到原语音的表述时间。也就是说,配音译文不可太长或太短,读起来与原文的发音时间越相近越好,译文中的重音位、语气的强调位若能一致更是锦上添花,这样配音演员才能以正常的语速最大限度地配合画面中演员的口型变化,不至于出现话已讲完演员的嘴仍在动的情形,反之亦然。可见配音稿的翻译与撰写具有相当的挑战性。

在影视制作中,完成配音稿后,还须将其依据配音镜头进行分割,每一个配音镜头通常包含连贯的一到两句台词。之后进入配音环节,配音演员与录音师便会根据配音镜头进行逐个录制,若有不满意之处需要反复录制,直至全部完成。一部电影可能含有上千个配音镜头,工作量之巨大可想而知。

至于动画片的配音文稿,分为两种情况:若是译制片,则与上述电影或电视作品的处理情况相似;若是直接为原创的动画角色配音,则配音文稿便是剧本中抽离出来的台词稿,省去了翻译的过程,直接进入录音环节。

二是配音录音阶段。这一阶段大致可分为以下步骤:熟悉配音环境,了解录音器材的特性;熟读配音文稿,与录音导演沟通,知晓录音要点;观摩配录作品,大致掌握录音的节点与节奏;热嗓与开声;进录音室试音,并配合调音师调音;投入情绪,进行试录,并通过回放检视效果,修正语速、语气等;得到满意的试录效果后,正式录音。

需要补充的是,当下的一些动画片制作秉承的理念是配音演员通过声音创作,为动画角色增添人性,这种人性是角色必须先天拥有的部分,因而整个制作流程转变为:编剧完成剧本,导演与动画总监合力监督完成故事板,配音演员对照着故事板完成角色的录音,动画部门最后根据录音为人物绘制言谈的动作。

这样带来的正面效果体现于两个层面:在技术上,角色的口型与语音完全对位，令视觉与听觉的统一达到极致；角色极具感染力，即使是非人类角色也人性十足，因为配音演员可以完全不受固有画面的束缚，发音可长可短，只求情绪的最佳表达。当然，反面效果可能令制作周期稍微延长，成本有所升高。

具体展开配音工作的录音棚通常分为两个区域，即录音室和控制室。录音室以隔音材料覆盖墙面，以隔绝外界噪声，设施较完善的录音室也可划分为两个专区，一个为室内场景的配音而设，另一个则专为室外场景而设。每个专区都会安装影像回放系统，以及录音话筒系统（见图 5－11）。

图 5－11 录音棚基本设置

配音演员一般以站立姿势录音，并始终与话筒保持一定的距离，以保证传送音量的一致。有些时候，配音的同时也须模仿剧中角色的动作，因为身体的姿势、紧张或放松的状态都会影响声音的质感。

在录音的时候，对配音演员的安排可以采用两种方式：单独录音后期合成；和声录音现场调控。两者各有利弊：单独录音可以令配音演员对角色的投入度更高；而和声录音可以令现场感与互动性更强，对群体的情绪调动有所裨益。具体安排需要考虑到配音计划、人员档期、项目预算等各方面因素而做出最佳选择。

在录音室内，与配音演员同处一室的通常会有一位声音剪辑师。剪辑师在每次录音后，都会记录下配音演员的发声是否与画面做到了正确的同步，或是否产生了一些不必要的口吃模糊、停顿、错误发音等问题，并给予提醒。

在录音控制室内，录音师会录下每一段配音，并告知配音导演哪些配音片段质量上佳可供使用、哪些还须修正重来。

在配音期间，配音演员有时会给出几种不同的声音表演方式，比如高低不同的音调、快慢不一的语速，以供声音导演选择。导演出于对角色的理解、对场景的分析，选择最适合的配音片段，当然也要顾及语音与口型的最大匹配性。

依据不同作品类型，下面分别阐述配音时运用的声音技巧。

(1) 动画片。动画片的情节编排大都带有丰富的幻想色彩，与现实生活有较大差距；角色性格也尤为分明，而各式各样非人类角色的出现，令场景更是天马行空。因此，为动画片配音需要强调角色性格，令场景突出，必要的时候，无须忌讳夸张的演绎，大量的情绪投入会带动声线的自然变化，从而获得出色的效果。在很多时候，在动画配音的现场，可以见到配音演员们眉飞色舞、手舞足蹈地在工作，这种全身心的“入戏”可以令动画角色带上人性，感染屏幕前的观众。

(2) 广告片。广告片的制作意图很明显，归纳起来不外乎“宣传”两字。无论是推销所拍摄的物件，还是宣扬某种公益性或商业性理念，要想最大限度地达到广告效果，除了主体突出的画面外，平稳有力的配音也不可或缺。平稳有力的声音需要利用好共鸣声、共振声，营造出“醇厚”的听觉效果。这种效果可令观众产生信任感、依赖感，对广告中出现的产品或是公益理念都会更为有效地接受。因此，轻佻、浮夸的声音在广告配音中切记需要避免。

(3) 剧情片。挑战难度最高的便是为人配音，这种情况通常出现在译制作品中。人物的形象先行在视觉上完成塑造后，为其配制的声音是否与其样貌、身世地位、行为举止、性格特征等相搭配，需要配音演员仔细分析，确定声音方案，再开始工作。

简单地以不同年龄层的角色来阐述一些基本的配音思路与简单的变音技巧。孩童：在变声之前，孩童的声音一般呈现出稚嫩的感觉，言语中大都使用较短的词汇组合，语言节奏亦随之减慢。因而可以通过嘴部变化来控制气流进出的大小。口放圆、出小气，来呈现孩童声。青年：声线明亮、朝气蓬勃，可以利用口腔中前部配合鼻腔中前部来共同发声，并把握住言语中较快的节奏，以呈现出活力十足的效果。中年：相较青年，中年声线更为沉稳厚重，因而可将气流的振动放置于口腔中后部，语速要不紧不慢，以平稳体现“中气”。老年：发声器官开始逐步衰老，气息不足、节奏较缓是老年声音的特点，因而可利用口腔后部控制气息，结束时有意将声音弱化，以呈现声音衰退的效果。

在配音过程中，除了准确控制与角色相对应的音色音调外，嘴形的匹配也是一个不小的挑战。在实际操作时，要使每个音节都完全配合原片的嘴型是十分困难的，而且没有必要这样做。但关键之处在于句子的起始和结束的时间需要拿捏得非常精准，言语整体速度与节奏也必须尽量靠拢，这样做的效果是令观众常常感觉到嘴型已经完成匹配。因为观众在收看影视作品时，较少会专注地留意剧中角色说话过程中的口型，但在断句的那一刻，口型往往会停顿并保持一段时间，在拖长声的时候则停留得更长，而一些语气词、感叹词、大口型词，也都会留下清晰的口型停留位，这些时间点特别为观众所注意。因而在上述这些位置，必须仔细配对口型，做到分秒不差，才可以达到几乎整句口型对齐的不可思议的效果。

第四节 拟音制作与技巧

拟音主要用于再造并录制各类音效，与配乐、配音等声音要素一起整合入作品音轨，从而提升音轨的质量与声音感染力。

拟音成为一项单独的工种始于 1927 年，由杰克·福利(Jack Donovan Foley)独具匠心地开创。实际上，“拟音”这个专业名词便是以“Foley”命名的，以向这位开创者致敬。

福利由 1914 年起，便开始在环球片场(universal studios)工作，经历了默片时代之后，华纳兄弟推出了跨时代的第一部有声电影《爵士歌王》，环球片场凭借敏锐的艺术与商业触觉，预知到制作有声电影将是不可逆转的业界趋势，便开始鼓励旗下具有广播制作经验的员工在声音制作方面放手向前。福利成为声音制作团队的中坚力量，将即将上映的默片《演艺船》(*Show Boat*)转化成了有声有色的音乐剧。

在当时，由于技术和条件所限，话筒主要用于录制剧中人物的发声，其他大部分声音需要在后期制作中添加。福利和他的小型团队便担起重任，他们一边将影像投射在大屏幕上以便观看，一边随着画面现场录制各种音效。制作音效时，时间节点至关重要，因为当时只有单轨录音的技术，所有各式各样的音效必须同时录制，并与画面严格匹配，比如在一幕人物进门的简单场面中，其中涉及的脚步声、衣襟声、开门声等必须完美无瑕地配合在一起，并与演员的动作同步，若有一项出现差错，就只能全部再来一次。

福利的职业生涯专注于电影声音制作，他发明的许多声音同步录制技巧广为流传，直至今日都被业界所采用。

在整个制作过程中，拟音属于声音后期的一部分。若现场采集到的原始音效受到噪声干扰，清晰度欠佳，或是听觉效果不够好，与视觉效果脱节，无法衬托出某些动作的影像表现力，就需要通过拟音来替换或是补充现场音效。如武打片中的打斗场面，往往伴随着大量的、带有夸张意味的骨骼碰撞声、拳脚相撼声，以增强听觉感染力，令动作场面更为刺激。这些声音在现场拍摄时，一般难以录制，也无法苛求演员真刀实枪、拳拳到肉地去演绎，所以这些音效只能留给拟音师去配制了。

拟音工序可令音效剪辑师在后期处理中对声音的质量、音量、噪声控制等方面拥有更高的把握度，将许多不可能变为可能，明显提升了作品的声音感染力。不过，需要指出的是：良好的拟音效果应能自然有效地融入影片整体的音轨之中，帮助营造场景的真实感觉，而不是特意、突兀地让观众发觉，引起虚假及不适的听觉感受。

对于一项复杂的影视项目而言，完整的拟音操作需要经历一连串工序。所有的声音后期制作均始于作品分析会议，声音剪辑总监会与导演深入沟通，全面了解导演在声音部分对整体以及细节上的要求，归纳总结出制作应该具备的风格、连续性和各种特殊场景的声音处理方式等。对白剪辑师以及拟音师亦应列席会议，掌握各自工作的要领。

分析会议后，对白剪辑师会从画面剪辑师处获得经粗剪的样片版本和一些经过挑选的同期声，他们的职责在于从样片中修复或分离出对白，若是发现有问题的对白便需要进行“后期补录台词”处理。

优秀的对白剪辑师应该把握好对白剪辑的尺度。若将对白处理地过度干净，换言之就是对白中没有一点环境噪声，那么对白听起来会显得失真、抽离，而且没有空间感，音效剪辑师与拟音师便需要耗费极大的功夫去重塑场景的声音环境。但若对白被处理得过于粗糙或是不够精准，各类多余的声音也会给后续工作带来诸多麻烦。

同时，对白剪辑师须牢记于心的是：尽可能地保留可以使用的同期音效，诸如清晰收录的各类道具声、脚步声等，这样之后接班的音效剪辑师与拟音师便可将精力集中在那些音轨中真正需要替换或是添加的音效上。

完成对白剪辑的版本将被送至音效部门，音效部门包括音效剪辑部门以及拟音部门。前者负责挑选一些现有的可直接使用的罐头音效，并加入音轨中，后者负责自行制造并录制音效。这就要求所有部门在各司其职的同时通力合作，清晰了解对方的工作内容，并时时更新自己的工作进展，从而避免重复工作。具体来讲，音效剪辑师需要知晓对白剪辑师保留了哪些可用的同期音效，拟音师则需要知道音效剪辑师在何处剪切入了现成音效，所有人员都应掌握配乐起承转合的各个节点，以便自己在插入音效时与配乐达到融合。由此可见，整个团队对项目的整体进度乃至具体细节都应了然于胸，使自己的工作发挥最大效用。

音效剪辑师在既有的海量音效数据库内搜索、试听、叠加、比较各类音效时，拟音师同步开始工作。

拟音师需要仔细、反复地检视作品，找寻出哪些音效需要替换、哪些音效需要添加录制，完成一张详尽的拟音蓝图，或提示单（cue sheet）。提示单可以帮助拟音师在着手工作前，对拟音完毕后的整体效果有一个清晰而全面的概念，从而制定出一套系统有效的技术方案，以及合乎工期与预算的进程表。

拟音提示单的具体做法包括：细心审视影片中的每一个场景，首先为主要角色的拟音完成提示定点，时间点力求准确，以不至与临近的拟音位置混淆为限，处理背景人物，当场景中人物的拟音定点提示全部完成后，开始确定道具声音。虽然这样的安排看起来繁复、费时，却能够保证不遗漏所需要的拟音。

在实践操作时，有一点值得注意：为拟音定点时，须用简洁、精准的语汇来锁定拟音对象以及描绘所期望的拟音效果。比如，当一个场景中包含大量人物，可以用身材高矮、衣服颜色、手中物件等特征来区分出被拟音对象，如“高个蓝衣、手持电话、下出租车的男性”，而对于拟音的效果可用“下车关门、手机响起并伴有震动”来表达。

当审视完所有影像资料，提示单、拟音设备及道具都准备齐全之后，拟音师便可开始拟音的尝试性制作，每次完成某一单项拟音的录制，便需要加插入原片中，对画面与音效的配合效果进行检视，这自然也是一个极费心思的过程。通过重复的翻看和视听，对已完成的音效进行不断修正，直至达到满意的效果。

当音效剪辑完成后，所有的声音分轨便会提交至混录室进行最终混制（final mix）。现在的业界做法是聘用两位混音师：一位专职进行对白预先混制（predub），这项工作大约需耗时一周或更久；另一位则负责现有音效与拟音音效的预先混制。在预算有限的制作中，很多时候这两项任务由一位混音师单独完成。

现代拟音制作的范围相当广泛，常见的包括脚步移动声、服饰摩擦声、物件碰撞声,以及打斗声、枪炮声等。下面具体讨论制作技巧。

第一,对于脚步声表演与拟音。观看影片时,与听到演员的对白一样,听到角色同步的走路声响是观众的心理期待,是满足视觉与听觉统一的最低要求,因而对于声音后期制作而言,对于脚步声的处理显得基本却又重要。声音剪辑师与拟音师首先需要解决的问题是:场景中的脚步声是保留现场同期录音还是另起炉灶,用后期拟音来替换。

要解决这一问题,需要探寻用拟音替换或是强化脚步声的真正目的。当审视样片时,发现现场同期脚步声真实而清晰,且演员走路时并没有产生任何对白,那么任何后期的声音改动都显得多此一举。但实际情况往往是,演员的脚步声在现场录音时模糊不清,甚至中断,或脚步声夹杂着角色的对白,这样在译制片的声音制作过程中,角色配音就必须伴随着拟音的工序。

因而,用拟音来替换原片场景中演员的脚步声,是十分常见的一项拟音工作。拟音师可以对角色的性别、年龄、走路的速度、步伐的沉重或是轻快等因素进行综合考虑,要做的绝不是随意找出一双鞋,然后走上几步,而是应该找到很多不同款式的鞋,经过试穿踩踏,挑选出与角色所穿的鞋最为接近的那一款,若是影片中已展示出角色的鞋子,那便更加简单,但事实上角色的鞋子较少出现在镜头中,所以拟音师会定期收集、贮藏一些不同类型的鞋款,以备不时之需。

需要指出的是,鞋子的声音与外形没有必然的联系,挑选鞋子时,仅看是远远不够的,必须要试穿、踩踏、倾听。

除了需要考虑鞋子的款式,角色所行走的地面材质亦是影响拟音的重要因素,在草地、泥地、雪地等不同路况上行进所产生的脚步声是截然不同的。所幸地面场景在影片画面中的展现常常比较充分,因而在正确的地面材质上选择合适的鞋子进行发声,就成为脚步声拟音成功的关键。

可以想象一下,角色在十分柔软的地面上行走,比如在铺满地毯的房间内,那么脚步声就自然比较轻,甚至难以辨别,此时的拟音工作是个极大的考验。在操作时,必须保持一定的清晰度与力度,令观众感受到脚步声确实存在,而且必须考虑到地毯上行走时鞋底与毛絮的摩擦声,只有在拟音中表现出那种接触时轻柔的沙沙作响的声音,才能令观众信服。

若是角色在几种不同的地面环境中穿梭,拟音师则更需要制定一个充分而细致的计划。实践中可以一次性完成对几种声音的录制,比如连续地录制由铺地毯的卧室走向铺大理石的客厅的声音,那么就必须准确把握地面变换的时间点，以及准备好相互连接的地面拟音材质。若是变换节奏相当紧凑，则可考虑分段录制。

若是场景中充斥着大量角色，便意味着需要在同一时间拟制大量的脚步声。若是将每个角色的脚步声都剥离开来，一一录制，无疑会使拟音的工作无比艰辛，时间与预算上也未必许可。一套行之有效的方案是：在制作拟音提示单时便加以留意，将主要角色与背景角色分别开来，分别制定不同的处理方案。当确保主要角色的脚步声清晰地单独完成后，拟音师可以同时处理完成大量背景角色的脚步声，可以采取两只脚穿不同的鞋子的方法，拟制出不同的脚步声以对应不同的背景角色，只要大体节奏符合影像中角色的动作，观众一般不会太过注意到其中微小的差别。当然，若是背景角色中具有明显特征的脚步声，比如穿高跟鞋或是钢板鞋，那么便需要再进行单独处理，插入群众脚步声中去。

还有两个棘手的问题，是拟音师在脚步拟音工作中经常遇到的：

一是脚在哪里。当拟音师审视画面时，很多情况下，角色的脚步并没有被摄入镜头，换言之，脚步运动以及节奏的信息，根本无法从画面中直接获得。若是遇上某些长镜头中角色长距离、不间断地移动，拟音师要想进行脚步拟音可谓困难重重，很可能反复尝试后，感觉仍然无法与画面同步，这个时候，不妨将关注点由猜测角色脚步的行动转向观察身体的其他部位，以掌握角色整体的运动态势。

最常用的一个观察点便是角色的肩膀。由日常的观察可以发现，人们在行走或是跑动时，肩膀与脚步的动作有密切的关联，脚步的迈出往往伴随着手部的甩动，肩膀便自然产生耸动的姿态。与一般脚步的位移相对应的便是另一侧的肩膀动作，于是通过分析镜头中演员的肩膀动作，可以在复杂的运动过程中，把握住其脚步的节奏。除了肩膀，可以用于辅助判断的还有头部、手部等身体部位，拟音师只有学会观察、捕捉细节，才能还原画面没有呈现的信息，增强拟音工作的准确性。

二是脚步声与性别、体型是否有关。对于拟音与自己性别相异的角色，拟音师应该掌握一条准则：性别的差异、脚掌的大小都不能决定脚步声的轻重，但可以归纳出的规律是：男性角色的步幅一般较大，女性步幅一般较小，但节奏较快。

第二，道具表演与拟音。利用道具进行拟音工作，是拟音师经常进行的工序。在大量的工作实践中，拟音师会结合自身的体会与经验，总结出一系列具有典型性、出现频率高且反复使用的道具拟音。一些常见的道具拟音包括：

道具地面：在影视作品中，角色并非一成不变地在城市的水泥地面上行走，即使在最普通的人行道上，仍会产生多沙、落叶、积雪等不同的情形，因而设置正确的道具地面是最为常见的一个拟音课题。拟音师一般在录音室的地面凹坑内撒上一些额外的碎屑，以表现不同的地面特质。咖啡渣是使用频率最高的物料，在咖啡渣层面上行走，会出现一种窸窸窣窣的音效，可以用来制造较为真实的地面质感。如果试图呈现一个十分脏乱的街道，那么需要洒落更多数量的咖啡渣，以表现出杂质感。

若是雪地，细分之下，会有数量惊人的类别：微微融化的、积雪3尺的、带有冰碴的等。这就无法使用一招万能的拟音手法。通常的做法是：在凹坑内铺上一定厚度的刨冰、撒上块状的岩盐以及一些玉米粉，产生在雪地上行走时"嘎吱作响"的效果。或是揉捏盛满玉米粉的皮质袋，也能出现出人意料的效果。

行走于草地与落叶相间的地面之上，产生的是窸窸窣窣的音效，在凹坑用铺满录音带或是VHS录像带中的磁带条，踩踏起来效果甚好。

纸张：对报纸、信纸、便笺贴、礼物盒等纸张进行拟音需要准确地找到与原材料中最为接近的纸料进行操作，若是仔细辨别的话，每一种纸都会发出其非常独特的声音。在为纸张拟音的时候，初试者往往会出现声音过于呆板，或是过于夸张的问题，要想获得较为自然的纸张拟音，首先需要做到纸张翻动、折叠等运动时间上的精准性，即拟音的整个过程必须与画面匹配且清晰明显，比如翻阅报纸时，会先有整理折叠纸张的动作，再对半打开，打开后，或者会有抖一抖报纸，或是整理一下的动作，以方便阅读。在拟音时，每一个阶段都必须明显地表现出来，不要遗漏任何细微的动作，因为纸张是非常容易产生声音的一种介质，而对于纸张，观众已经在日常生活中积累了相当多的听觉经验，因而能够敏感地辨认出来。

鸟类拍打羽翼：拍打一对软底鞋，诸如使用过的芭蕾舞鞋，或者是一对软皮质的手套。

穿梭空气或飞箭等产生穿透空气的"嘶嘶"声：挥舞一支较细的棍棒。

地板或旧物件发出的"咯吱"声：摇晃一把破旧、松动的木质凳。

枪械：拉枪栓的"咔咔"声可以赋予枪械质感，但在拟音时，需要严格把握程度，过多的"咔咔"声会令人产生这是劣质枪械的感觉。除了使用经过安全处理的真枪支外，可以巧妙地利用发令枪、大型的订书机、门栓等金属类物件进行拟音。

骨头碰撞开裂:很多时候,芹菜被用来模拟骨头被碰撞开裂的咯吱声。扭动或是折断芹菜都会带来仿真度极高的声音效果。

马蹄声:敲击对半切开的椰子壳。

油锅炒菜:向发烫的电熨斗上倒冷水。

远距离飞行的蚊虫:开启电动剃须刀。

以上都是一些拟音师们工作时的经验总结。最后需要强调的是:拟音是一项极需创造力与想象力的创作,即便是同一种声音,100 位拟音师可能给出 100 种不同的制作方案。要做好拟音,必须多观察、多倾听、多收集,在生活工作中时时刻刻提升对声音的敏感度。

1. 默片中有哪些用以表现声音的手段?

2. 配音实践中声画同步的基本技巧有哪些?

3. 拟音制作有哪些主要类型? 尝试从最基本的脚步拟音开始,为一段影视作品配制拟音。

请于本书配套云盘中获取视频链接,观看学习《拟音师的秘密世界》。

第六章

基于 DAW 的软件后期制作

本章导读

- 了解 Adobe Audition 与 Audacity 的基本界面。
- 掌握音频多轨制作的方法与流程。
- 掌握效果器的应用原理与方法。

当顺利完成了声音的初步录制工作后，即将展开同样重要的后期制作，其中包括了创建、添加、编辑、复原、修饰、混合、压缩、输出等诸多步骤，凭借现代数字音频工作站（DAW）的强大处理能力与协同工作能力，整个复杂的流程得以高速、高效地完成。

本章将以将 Adobe Audition（AU）[①]和 Audacity[②] 作为宿主软件的 DAW 为例，全面讲解声音后期制作的主要工序、基本原理与应用技巧，以满足不同读者的音频制作需求。

第一节 AU 的基本操作与使用技巧

AU 的前身为 Syntrillium 软件公司推出的 Cool Edit，2003 年由 Adobe 收

---

① 本书采用 Adobe Audition 2020 进行演示，其他版本的信息请参见 Adobe 官网，https://www.adobe.com/cn/products/audition.html，2021-10-02.

② 本书采用 Audacity 2000 版本进行演示，详细信息请参见 Audacity 官网，https://www.audacityteam.org/，2022-7-13.

购并改名，于同年八月推出初始版本。目前版本更新为 Audition Creative Cloud，兼容 Windows 与 MacOS 两大平台，[①]功能丰富而强大，较为适合播客主、影音工作者等专业人员使用。

以下将分为六个部分展开详细介绍。

一、AU 的基本界面与工程项目操作

启动 AU 后，会出现完整的工作界面（见图 6－1）。该界面的外观、整体布局、使用逻辑等延续了“Adobe 家族”的习惯，PS、PR 等软件的使用者对此不会觉得陌生。

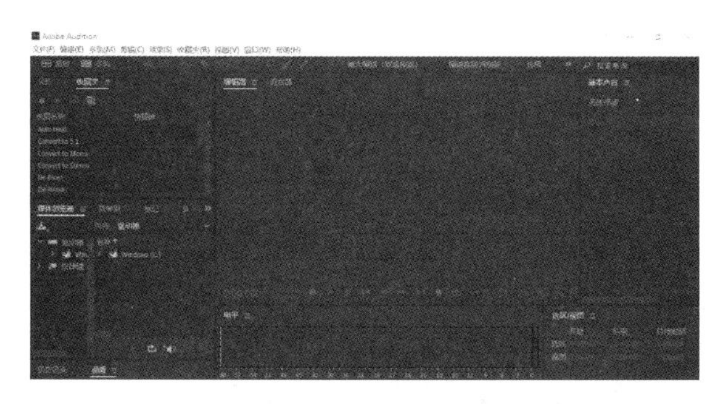

图 6－1　AU 的主界面

总的来说，AU 的界面主要分为工具栏、模式切换按钮、文件管理区、编辑区、播放控制区、信息展示区等。根据项目的不同，可以通过“窗口→工作区”（见图 6－2）进行特定界面的切换，比如在进行配音工作时可以选择“基本视频混音”界面以获得最高效的操作流程。

AU 在工程项目上的一些最基本操作，在可视化界面的支持下，与平时使用的 PS、Microsoft Word 等软件大同小异，主要包括：

（一）新建

菜单操作路径为“文件→新建”，下设多轨会话、音频文件、CD 布局三种项目类型（见图 6－3），最常用的为前两种。

多轨会话项目，顾名思义是指利用多重音轨对众多音频片段进行编辑、混

① 关于 AU 的最低系统要求，请参见 Adobe 官网，https://helpx.adobe.com/cn/audition/system-requirements.html，2021－9－28.

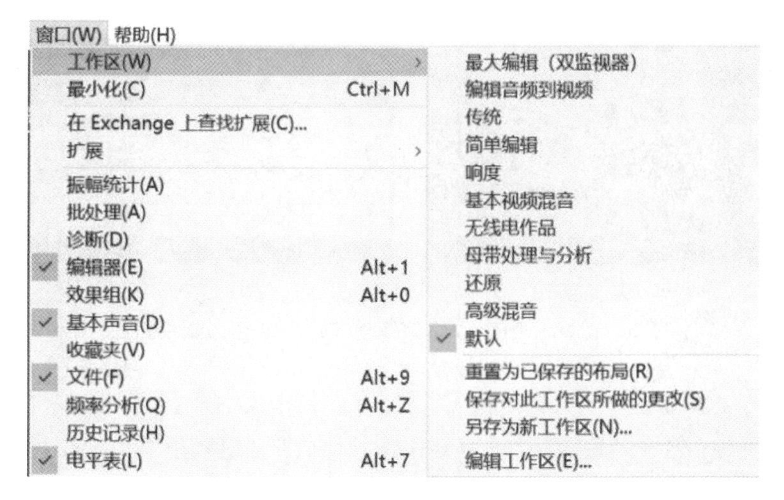

图 6 - 2　界面切换

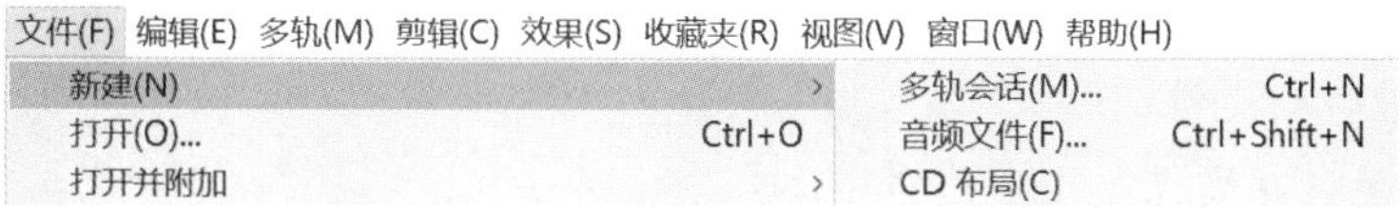

文件(F)　编辑(E)　多轨(M)　剪辑(C)　效果(S)　收藏夹(R)　视图(V)　窗口(W)　帮助(H)
新建(N)　多轨会话(M)...　Ctrl+N
打开(O)...　Ctrl+O　音频文件(F)...　Ctrl+Shift+N
打开并附加　CD 布局(C)

图 6 - 3　新建项目

合、输出等操作，对应多轨编辑模式；音频文件项目，指的是利用单条音轨对音频片段进行操作，对应波形编辑模式。在新建时需要对文件名、文件夹位置、采样率、位深度等参数进行恰当的设置(见图 6 - 4)。一般而言，默认的 48 kHz 与 32 bit 可以满足大多数音频项目，尤其是网络音频的技术需要。

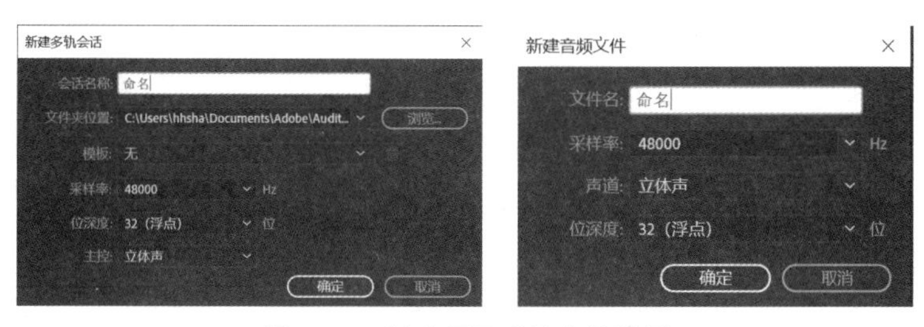

图 6 - 4　新建项目后的参数设置

完成新建操作后，AU 会生成以“sesx”为后缀的工程文件，并在多轨编辑模式下的编辑器中创建多条音轨，或在波形编辑模式下创建单条音轨以方便进一步的操作(见图 6 - 5)。

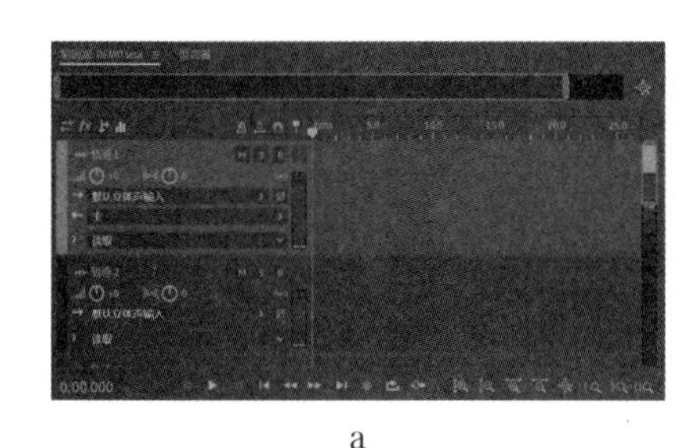

a

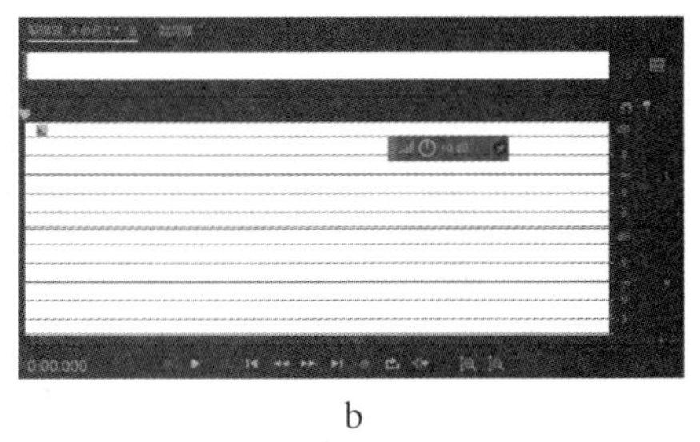

b

图 6-5 音轨创建(a:多轨编辑模式;b:波形编辑模式)

多轨编辑与波形编辑相辅相成,需要在工作中灵活配合。当需要详细编辑多轨中的某一音频片段时,只需要双击该片段,即可切换至波形编辑模式。需要注意的是:波形模式采用"破坏性"编辑模式,即对于音频的任何操作都会在保存时直接影响原素材文件;多轨模式则采用"非破坏性"编辑模式,进行相应的操作后在保存时,会形成包含着修改信息、效果信息等元素的对话文件,并不会影响原素材文件。

(二) 打开与导入

菜单操作路径为"文件→打开"或"文件→导入→文件",可将已有的音频或视频文件添加入项目,[①]以进行后续操作,AU 对于大多数音频与视频格式都有良好的支持。

打开与导入的区别在于:在已创建项目的情况下,打开文件,在波形编辑模式下新创建一条带有该音频的音轨;而导入仅仅将文件置于文件池中,可以通过拖拽的方式,将该音频加入多轨编辑模式下的某条音轨中进行后续操作(见图 6-6)。在未创建项目的情况下,打开与导入都直接会在波形编辑模式下新建音轨。

(三) 媒体浏览器

也可使用媒体浏览器,快捷实现文件的打开与导入(见图 6-7)。浏览器左侧为电脑文件夹列表,点击进入文件夹后,可在右侧的文件列表中,通过点击下方的播放栏(由左至右依次为:播放、循环播放、自动播放),进一步测听相关

---

① 可使用本章节电子资源进行操作练习,所有音频文件源自 Adobe 开放资源,完整信息请参见 Adobe 官网,https://www.adobe.com/cn/products/audition.html,或相关资源下载网页,https://www.adobe.com/products/audition/offers/audition_dlc.html,2021-10-06. 开放资源的使用请遵守 Adobe 提出的最终用户许可协议(End User License Agreement, EULA)

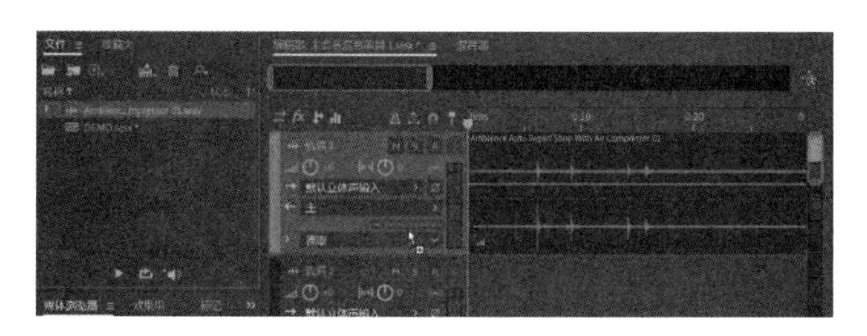

图 6－6　通过拖拽将音频加入多轨编辑模式下的音轨

音频，通过“打开文件”或“插入到多轨混音中”进行波形或多轨编辑。

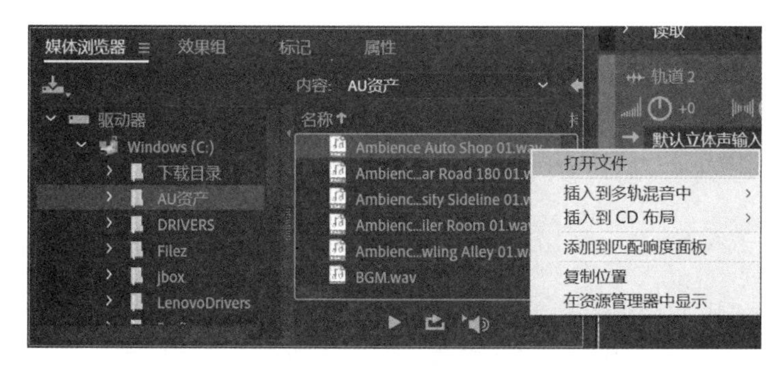

图 6－7　媒体浏览器

（四）打开与附加

菜单的操作路径为“文件→打开并附加→到新建文件/到当前文件”，这是打开功能的衍生操作，前者可以重新创建音轨并置入文件，后者可将某一文件置于现有音轨中的文件末端（见图 6－8）。

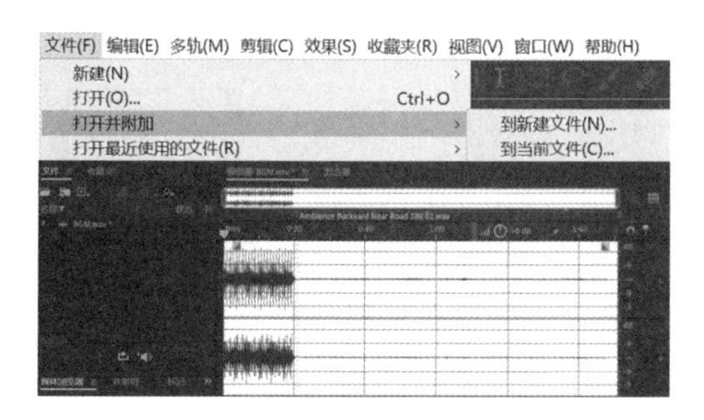

图 6－8　打开并附加到当前文件

(五) 保存与关闭

菜单的操作路径为“文件→保存/另存为/退出”,以实现对于工程项目的相关操作。

二、波形模式下的基本编辑操作

(一) 录音

除了打开、导入现有音频文件外,录制音频亦是重要的素材来源。

在开始录制之前,一项重要的任务便是准确设置音频硬件中的“默认输入”与“默认输出”选项,尤其当 DAW 配置了外接话筒或混音器时,务必选择并使用外置设备而非电脑自带的话筒阵列,以保证音质。

菜单操作路径为“编辑→首选项→音频硬件”,当有外置设备连接时,在“默认输入”与“默认输出”的下拉选项中,会显示相关设备名称,以供正确选择(见图 6-9)。当音频硬件发生改变时,AU 会通过自动弹窗,提醒用户再次完成设置。

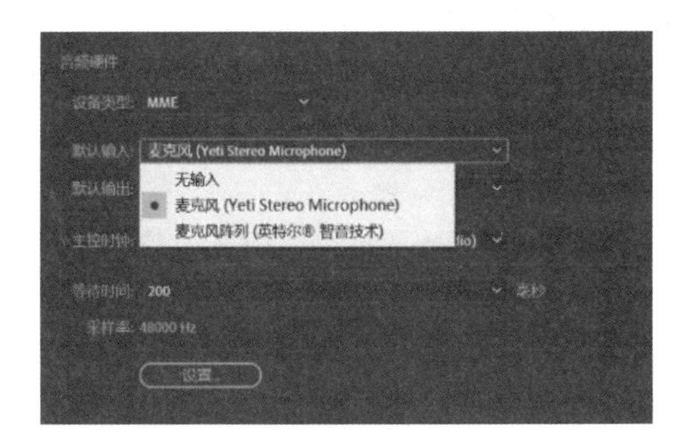

图 6-9 音频硬件设置

在编辑器主窗口下方设有播放控制条(见图 6-10),操作上具有相当强的界面通用性。最左端区域为播放指示器所在位置的时间码。中间区域集中设置了播放操作按钮,由左至右为:“停止”“播放”“暂停”“将播放指示器移至上一个标记点”“快退”“快进”“将播放指示器移至下一个标记点”“录制”“循环播放”“跳过所选项目”,其中“跳过所选项目”按钮的作用为:当此按钮被激活后,在音频播放过程中,时间线上被选取或选中的片段或区域将被跳开。

最右端区域由左至右为:“放大振幅标尺”“缩小振幅标尺”“放大时间标尺”

“缩小时间标尺”“缩小所有坐标”。需要注意的是：通过对标尺的调整，可以更准确、细致地查看音频片段，以方便剪辑，但并不会直接影响到音频本身的音量或是时长。

图 6－10　播放控制条

完成音频硬件设置后，点击播放控制条上的红色录制钮，便可开始音频录制，时间码随之跳动，并在编辑器窗口出现不断延伸的波形，录制完毕后，点击停止键，产生音频文件；若录制中途需要停顿修整，可点击暂停键，等准备好后，再次点击暂停键以继续之前的录音（见图 6－11）。

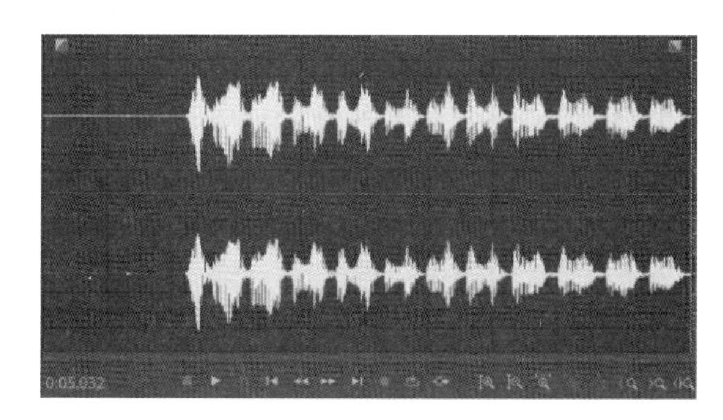

图 6－11　音频录制

（二）选取

可以通过菜单操作“编辑→选择→全选/取消全选”，或在编辑器窗口右击拉出“全选/取消全选”菜单，实现整段音频的选取或反选取。也可以通过工具栏中的“时间选择工具”，按住鼠标左键进行部分片段的划区选择（见图 6－12）。

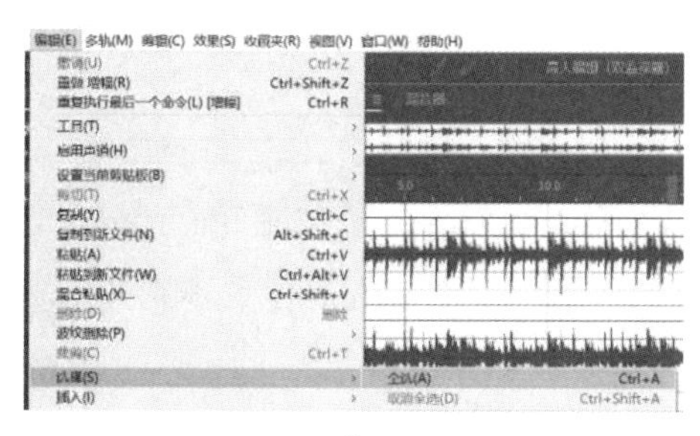

a

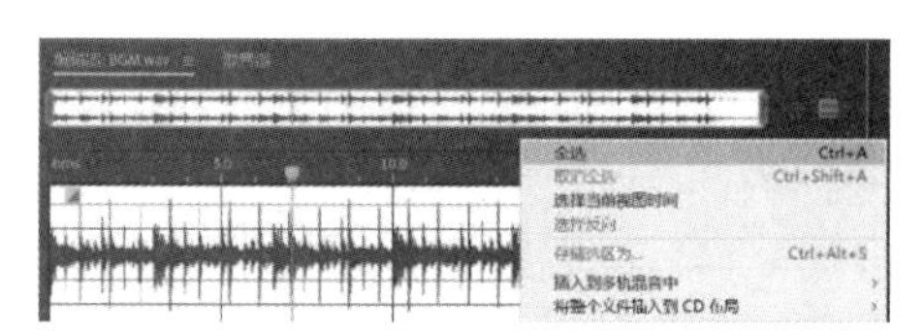

b

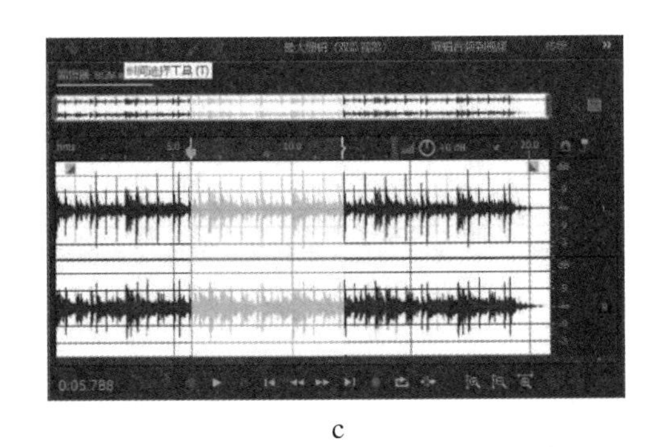

c

图 6－12　a：菜单操作选取 b：编辑器操作选取 c：时间选择工具操作选取

（三）剪切、复制、粘贴与删除

这些均可在编辑菜单中找到上述选项（见图 6－13），可以借鉴 Word 中的文字编辑。按住鼠标划区选择音频片段后进行剪切或复制，再将播放指示器拉至希望粘贴的位置，即可完成对该片段的相关操作；若希望去除该片段，则直接删除即可，波形编辑模式下剩余音频将前后自动缝合，而不会留下空隙。

编辑(E)　多轨(M)　剪辑(C)　效果(S)　收藏夹(R)　视图(V)

撤销(U)	Ctrl+Z
重做 粘贴音频(R)	Ctrl+Shift+Z
重复执行最后一个命令(L) [增幅]	Ctrl+R
工具(T)	›
启用声道(H)	›
设置当前剪贴板(B)	›
剪切(T)	Ctrl+X
复制(Y)	Ctrl+C
复制到新文件(N)	Alt+Shift+C
粘贴(A)	Ctrl+V
粘贴到新文件(W)	Ctrl+Alt+V
混合粘贴(X)...	Ctrl+Shift+V
删除(D)	删除

图 6－13　编辑菜单下的剪切、复制、粘贴与删除

（四）混合粘贴

可以通过菜单操作“编辑→混合粘贴”，较之单纯的粘贴功能，混合粘贴提供了音量调节、粘贴类型（插入、重叠、覆盖、调制）、循环粘贴等更多选项（见图 6－14），以完成更为复杂的混合操作。例如，复制某一片段后，点击“重叠粘贴”，可以实现该片段与原音轨相互叠加的混响效果。

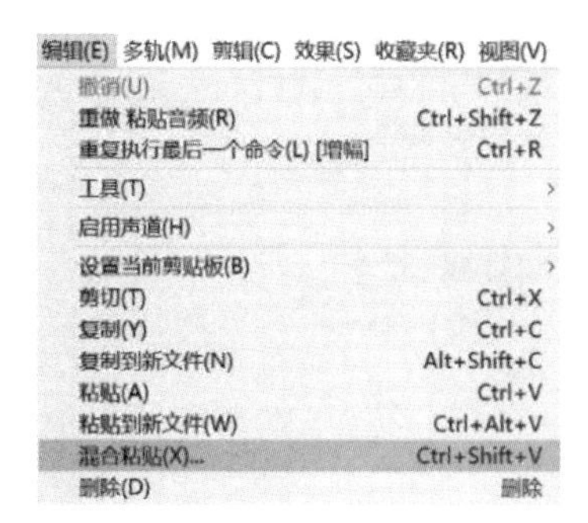

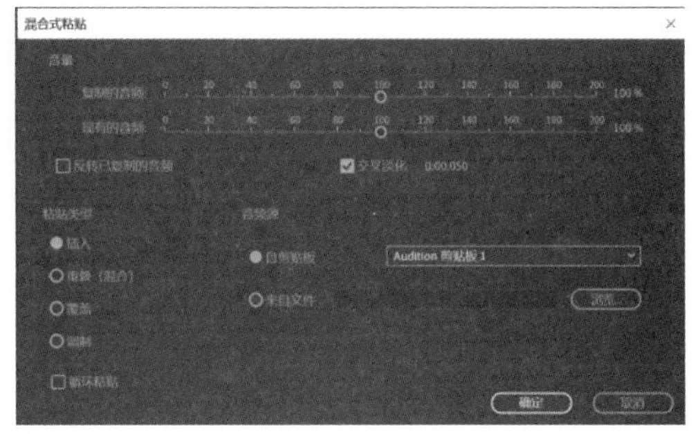

图 6-14 混合粘贴

(五) 裁剪

利用“时间选择工具”选取部分片段后，通过菜单操作“编辑→裁剪”(见图 6-15)，可以单独截取并保留该片段，从而直接去除前后不需要之处，以进行更精准的编辑。

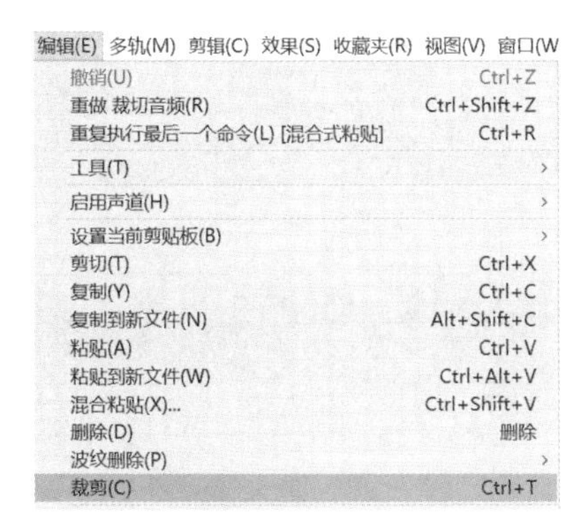

图 6-15 裁剪

(六) 标记

通过菜单操作“编辑→标记→添加提示标记”(见图 6-16)，可在时间线上添加多个指示时间位置的标记，分别以“Marker01”“02”等清晰标出，并可通过菜单操作“编辑→标记→将播放指示器移至上/下一点”，快捷地到达不同的标记位置进行音频编辑。若不含任何标记，则将跳转至音频片段的开端或结尾。

(七) 音量控制

利用编辑器内的调整振幅条，可以快捷地控制音频的音量。当鼠标靠近拨

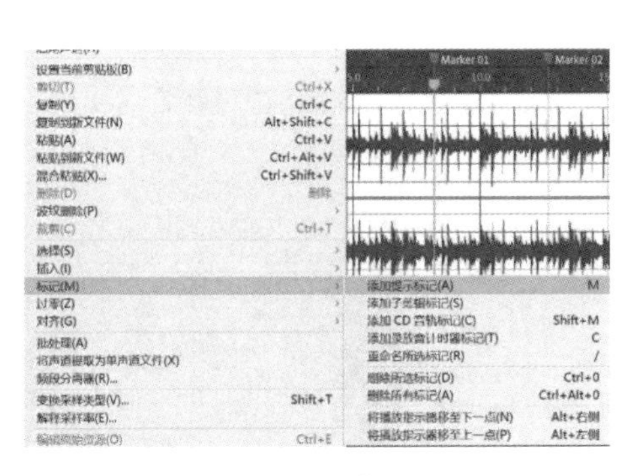

图 6－16 标记

轮或数字时，将转变为左右箭头（见图 6－17），通过左右划拨可以减小（负数）或增加（正数）音频数值。将最右端的钉子形状的固定按钮激活后，可以将调整振幅条固定于某一位置；不激活时，调整振幅条将跟随鼠标移动。

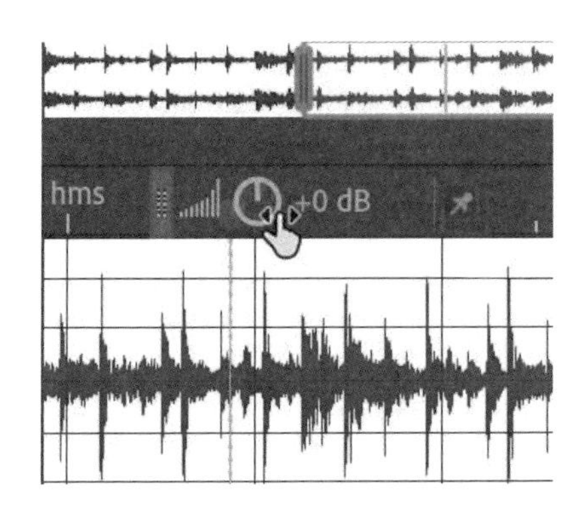

图 6－17 调整振幅条

（八）淡入淡出

利用编辑器内的淡入/淡出方块，可以快速实现音频的渐变过程（见图 6－18）。具体操作为：按住淡入/淡出方块，鼠标转变为四向箭头，可以进行上下左右的拖动，形成不同形态、不同程度的渐变曲线。在拖动与应用的过程中，需要不断试听，以确保达到满意的效果。

（九）导出

通过菜单操作“文件→导出→文件”，将处理完毕的音频导出为目标文件。文件名、位置等选项与平时操作 Word 大致相同，导出格式等设置可参考第二章《数字音频概论》中的相关内容。

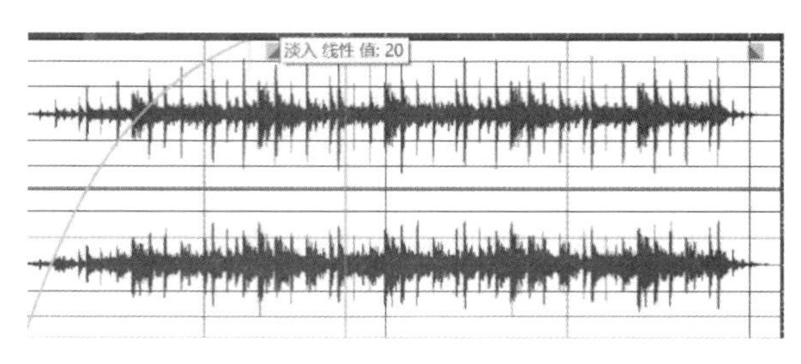

图 6 - 18　淡入淡出操作

（十）放缩显示

通过鼠标滚轮滑动，或是点击英文输入模式下的键盘上的“+/-”符号，可以放大/缩小音轨的显示比例，以显示更多的音轨细节，获得更为精准的剪辑效果。

三、波形模式下的效果编辑

运用功能强大、种类繁多的效果器，可以实现对音频的修复、强化、修饰等多项处理。效果器被分门别类地设置于效果组内，可以通过点击效果栏右端的三角符号，展开效果器的多层子菜单，实现相应效果的选择应用、编辑以及移除；也可以通过激活效果栏左端的开关符号，打开或旁通此效果（见图 6 - 19）。

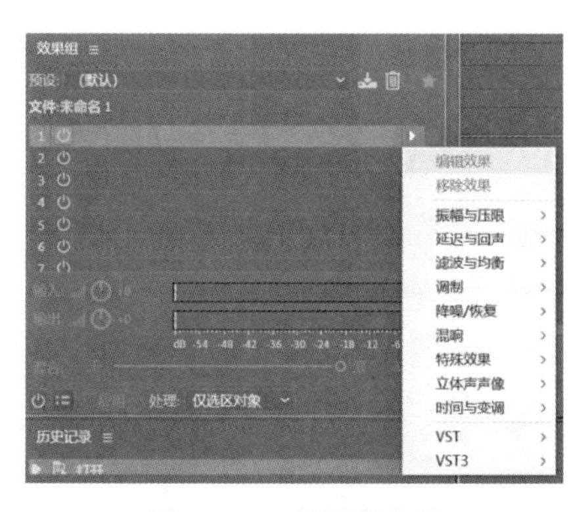

图 6 - 19　效果器菜单

当然，不少对于音频的调整功能，在话筒、调音台等硬件中已有配置，在第三章中也进行了详细叙述，这种软硬件功能的互相呼应与整合，是理解与掌握音频制作的重要思路。

以下介绍几组最为常用的效果器。

(一) 振幅与压限

这一组别主要用以改变电平的大小及其变化速度，以及应用压缩器的类型。主要包括：

(1) 增幅：通过滑块或输入数值，增强或减弱增益，以直接控制音量大小。若反选“链接滑块”，可以对左、右声道进行单独控制(见图 6－20)。

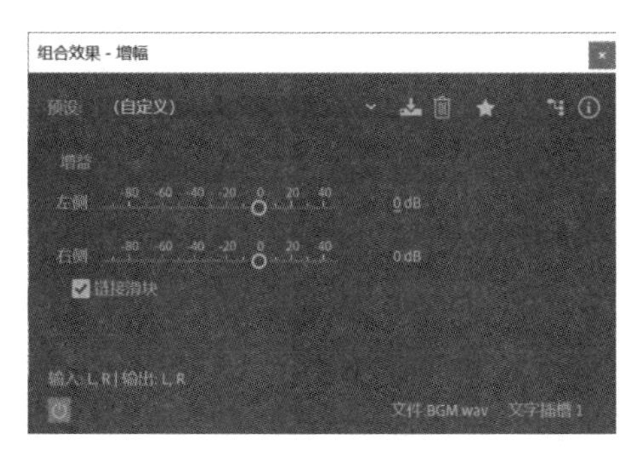

图 6－20 增幅

(2) 声道混合器：除了调节左右声道的音量，声道混合器更多地应用于声道的转换。在预设下拉菜单中，可以通过“互换左右声道”“混音为单声道”“用右侧填充左侧”等选项实现声道混合的不同效果(见图 6－21)。

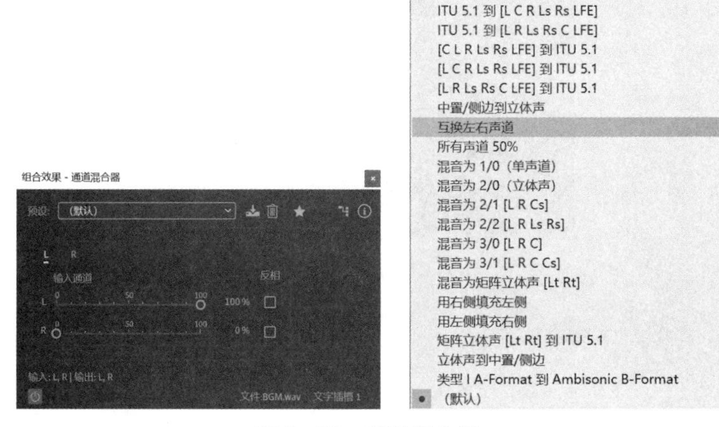

图 6－21 声道混合器

（3）动态处理：动态处理被用来控制音频信号输入/出的动态范围，其动态处理过程主要包括压缩与扩展两种形态，前者指的是缩小动态范围，后者反之。在通常操作中，可以对高电平进行抑制，对低电平进行提升，从而有效控制最高与最低音量间的差距；也可以对低电平进行压制，以达到控制某些噪声的效果。因而，动态处理可以简化理解为一个自动触发的音量平衡控制器。

为了达到某一效果，需要设定一定的动态处理规则。除了可以在预设下拉菜单中选择不同乐器、人声等既有场景，也可以直观地通过图形控制进行灵活调整。其中，横坐标为输入信号，纵坐标为输出信号，蓝色线条代表输入/出信号的动态关系。如图 6－22a 所示，在“厚面小军鼓”的预设中，对于－25 dB 以上的高电平区进行了压缩，即原本场景中输入信号的－25 dB 至 0 dB 范围，将被限制在－25 dB 至－18.8 dB，形成 4.03∶1[①] 的压缩效果，其余范围保持中性处理。如图 6－22b 所示，在“噪声门控制@10 dB”中，－10 dB 以上保持中性，对于－19.6 dB 至－10 dB 范围进行了扩展，对－19.6 dB 以下进行了大比例压缩。

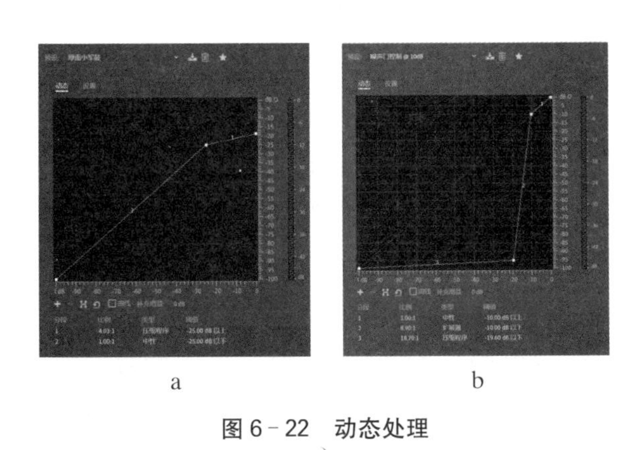

a　　　　　　　　b

图 6－22　动态处理

当然，可以根据不同的场景需要，在蓝色线条上任意添加控制点，这相当于设置阈值，触发压缩器启动。通过一系列控制点的设置，得以灵活调整信号压缩或扩展的规则。

在“设置”菜单中，也可以微调一对基本参数——“起奏时间”与“释放时间”（见图 6－23）。前者指完成超过阈值的信号处理的设置时间；后者指解除信号

---

① 具体计算为：25/(25－18.8)＝4.03。

处理、恢复到非处理状态的设置时间。这对参数的设置使得“电平检测”与“增益处理器”这两项功能都产生了平缓启动与结束的效果，而不显得过于生硬突兀。

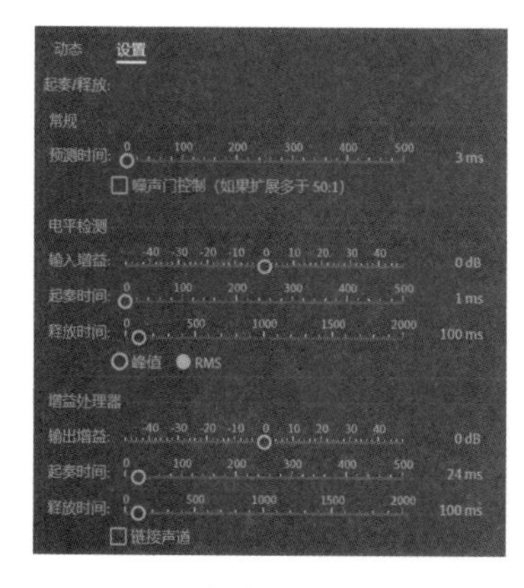

图 6－23 起奏时间与释放时间

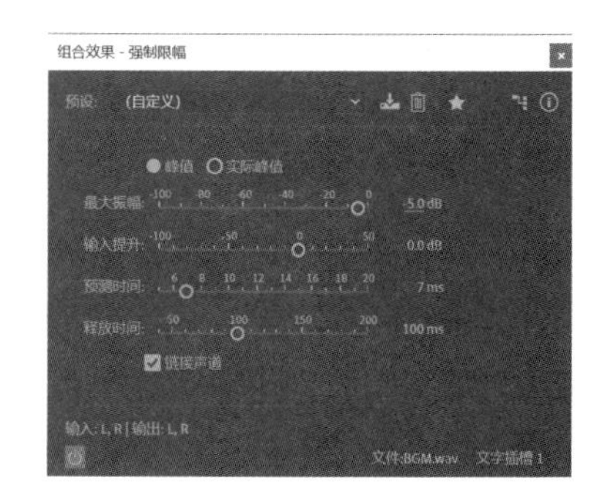

图 6－24 强制限幅

(4) 强制限幅：强制限幅用以限制信号输出的最大电平值。如设置最大振幅为－5 dB 时(见图 6－24)，超过－5 dB 的原信号都将被消减，而低于－5 dB 的原信号保持不变。当然，也可以将最大振幅设置为 0 dB，同时调整输入提升，以实现增强原信号的功能。其中，“预测时间”与“释放时间”的概念与动态处理中的“起奏时间”与“释放时间”类似，“预测时间”设置了强制限幅器反应的长短，“释放时间”则设置了其停止限制的用时长短。

(5) 单频段压缩器与多频段压缩器：在理解“动态处理”的基础上，可以将“单/多频段压缩器”视为在一个或多个频段上，控制信号输入/出的动态范围。在“单频段压缩器”中，压缩效果可以通过以下公式来快速计算：

$$\text{输出电平}=(\text{输入电平}-\text{阈值})/\text{比率}+\text{阈值}+\text{输出增益}$$

在样例中(见图 6－25a)，将“阈值”设置为－10 dB，“比率”设置为 5，高于此阈值的信号，都将被以 5∶1 的程度压缩，即原始信号增加 5 dB，输出信号只增加 1 dB，同时给予 1 dB 的输出增益补偿。那么当输入一个－5 dB 的信号时，其最终输出值为：$[-5-(-10)]/5+(-10)+1=-8$ dB。

可以看到，“阈值”设置越低，则影响到的信号越广泛；“比率”设置越高，则压缩程度越高，感官上的声音就越轻。“多频段压缩器”与“单频段压缩器”类似

(见图 6－25b),只不过可以在更多的频段上进行控制。

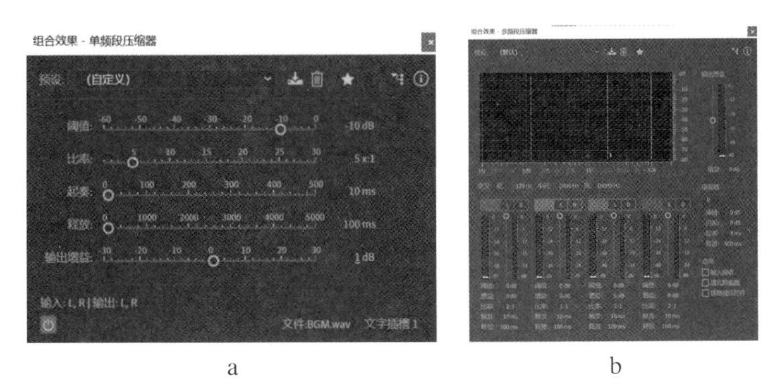

a　　　　　　　　b

图 6－25　单频段压缩器与多频段压缩器

(二) 延迟与回声

这一组别主要用以实现不同类型的“延迟”效果。所谓“延迟”,可以理解为在原始信号之后,重复出现一组或多组同样的信号,延迟时间便是这些重复信号的间隔。

(1) 模拟延迟(见图 6－26):“干/湿输出”用以控制原信号与延迟声之间的关系,“干输出”调整原信号的强弱,“湿输出”则调整延迟声的强弱。“延迟”调整具体延迟的时间参数。“反馈”调整延迟声的数量,并以百分比的形式设定每一次延迟声的强弱与上一次的比例。以图 6－26 中的 20%为例,当假定原信号为 100 时,则第一次延迟声即为 100 * 20% = 20 的强度,第二次延迟声则为第一次的 20%为 100 * 20% * 20% = 4 的强度,以此类推。可见,“反馈”数值越高,每一次延迟声的余值越高,延迟声的数量越多,反之则延迟声的数量越少。“劣音”可以为原信号提升低频,“扩展”则可以为原信号调整立体声宽度。当然,在预设中已有吉他踏板、峡谷回声、空闲半角等多个预设场景,供快速选用。

(2) 延迟(见图 6－27):在立体声左右声道上各产生一个延迟声,且各自的延迟时间可以不同。对于单声道信号,则只有一组声道的控制。

(3) 回声(见图 6－28):回声同样被用于为原始信号添加一组或多组可控的重复信号。其中,“延迟时间”与“反馈”的设置,与“模拟延迟”类似,并额外提供了“回声电平”与“连续回声均衡”的设置。后者可在 8 个频段上,分别对回声的频率响应做出连续性加强或减弱的调整。如图 6－28 所示,对 3 k 频段做了－7 dB 的设置,则在此频段上每一次回声都会比前一次减弱 7 dB。这种对于

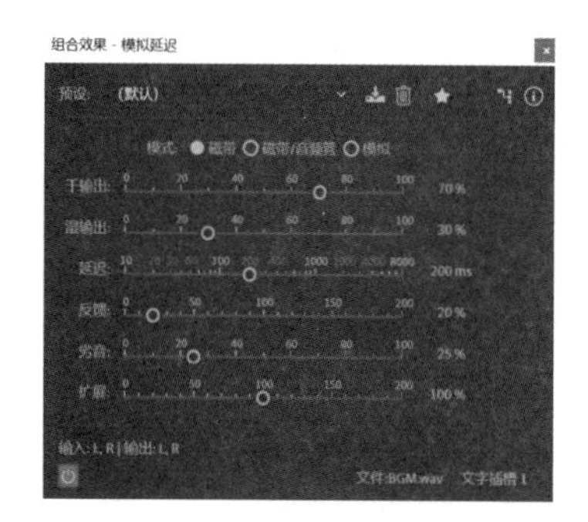

图 6－26　模拟延迟

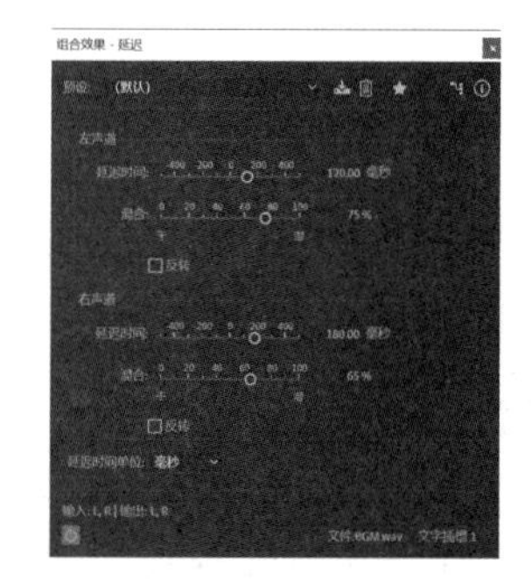

图 6－27　延迟

不同频段的精细控制，可以方便地模拟出不同场景的声音吸收与反射特性。“锁定左右声道”功能可以保证在调整某一声道时，实现对另一声道的同步调整。“回声反弹”功能可以使信号产生在两声道间来回碰撞反弹的效果。

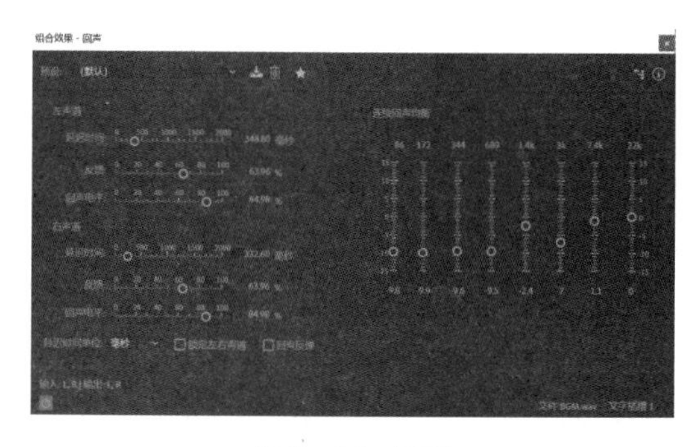

图 6－28　回声

(三) 滤波与均衡

这一组别通过对音频中不同频段进行调整，达到补偿、提升、修饰信号的效果，是最为常用的效果器组别。

(1) 参数均衡器(见图 6－29)：参数均衡器是最为基础的频率效果器。在主操作框下方为调整频率选项，右侧为调整数值选项，中间的白色控制点一一对应下方的“频率”“增益”及“频段”参数，可以通过点击移动控制点或是直接输入参数，设定效果器功能。通过激活或取消某一“频段”应用，可以添加或去除某一控制点。“超静音”用以减少失真与噪声，得到更优化的效果；“范围”则可在 30 dB 至 96 dB 间，选择效果调整的显示区域。

在默认状态下，“参数均衡器”提供了五个主控制点加低频 L 与高频 H 两

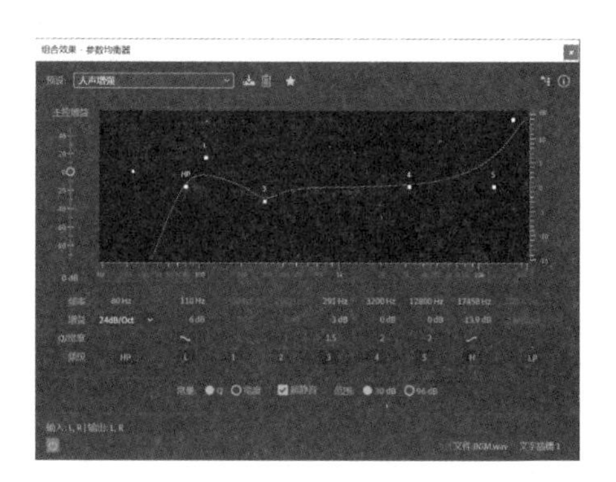

图 6－29　参数均衡器

个辅助控制点，同时提供了高通 HP 与低通 LP 设定。如图 6－29 所示，采用了预设的“人声增强”，则在 110 Hz、291 Hz、3 200 Hz、12 800 Hz、17 458 Hz 频率上进行了调整，总体思路是在低频与高频处都进行了强化，并通过 80 Hz 的低频过滤以去除“喷麦”等低频噪声。

第三章在介绍调音台时，提及了“甜水”制作的频率调整速查表，这也可成为“参数均衡器”的操作指南，在高、中、低频中以更细致的分段式调整“魔法频率”的呈现。

（2）图形均衡器（10/20/30 段）（见图 6－30）：图形均衡器提供了不同数量的固定频率调整栏，通过滑块控制，实现极为精细的调整。

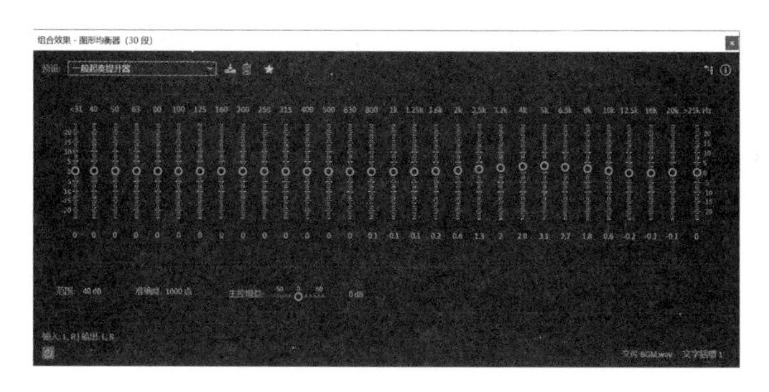

图 6－30　图形均衡器

（3）FFT 滤波器（见图 6－31）：FFT（fast fourier transform）意为“快速傅里叶变换”，指向一种高效算法，尤其是当被变换的抽样点数越多时，其计算效率提升越明显。FFT 滤波器通过添加或删减控制点，自由调整频率曲线，从而实现了更为灵活、几乎无限制的频率调整功能。

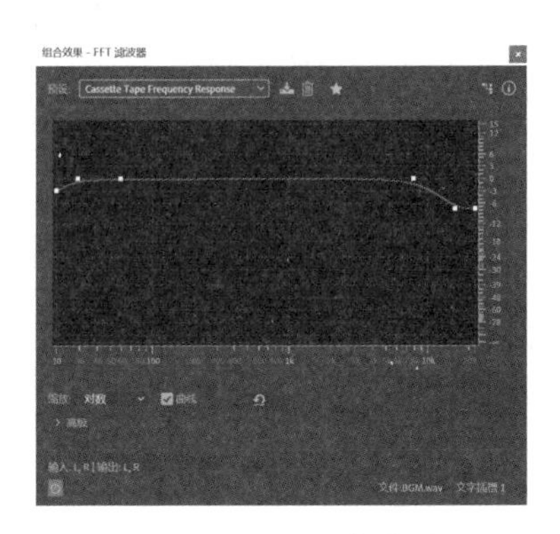

图 6 - 31　FFT 滤波器

(四) 调制

这一组别利用了延迟效果的基础原理，将原信号与处理后信号进行合成，从而形成某种特殊声效。

(1) 和声(见图 6 - 32)：和声将原信号与延迟信号进行叠加，形成类似众人合唱的效果。其中的“延迟时间”“反馈”等参数与延迟组别的使用方法无异。

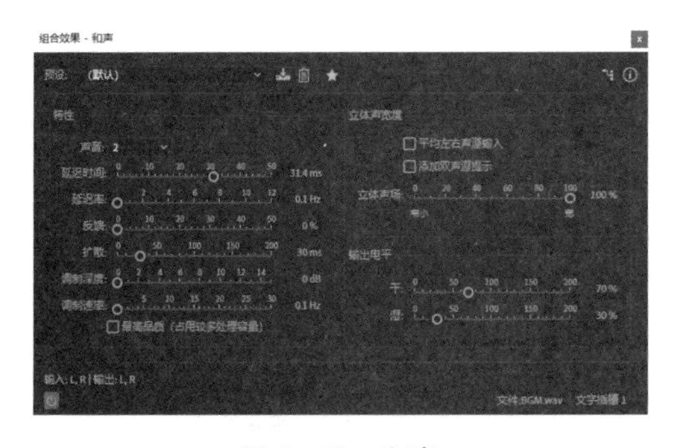

图 6 - 32　和声

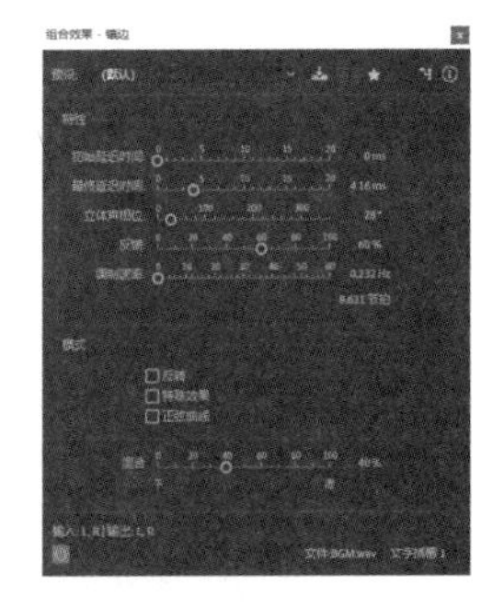

图 6 - 33　镶边

(2) 镶边(见图 6 - 33)：镶边与和声类似，但以更短的延迟间隔来产生重叠信号。同时，通过设置“最初/最终延时时间”以及“立体声相位”，产生一种灵活、波动的动态效果，使得声音具有飘忽、迷幻、类似电子音的特点。

(五) 降噪/恢复

这一组别用以修复各类噪声，这些噪声可能来自录制时的环境声或是人为产生的杂音，也可能由于存储媒介的老化，诸如载有模拟信号的录音磁带等。降噪与恢复是最为重要的效果器组别之一，也是声音后期制作中必不可少的一个步骤。

AU 提供了几种自动降噪操作（见图 6－34），包括："自适应降噪""自动咔嗒声移除""自动相位校正"等。在这些操作中，通过对预设参数的简单调整，可以进行快捷的校正。

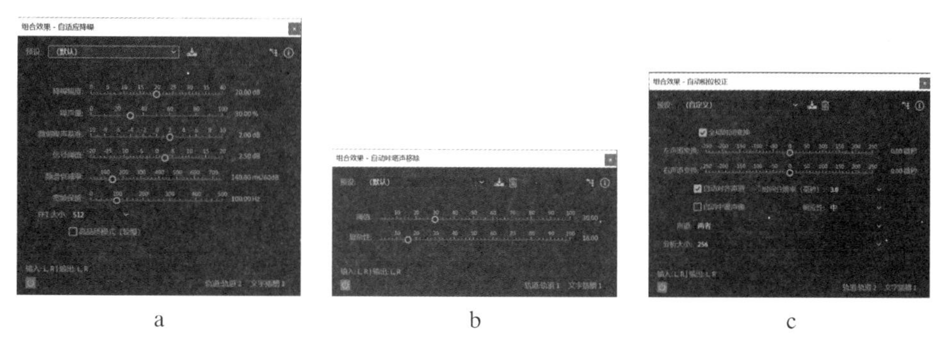
a　　b　　c

图 6－34　自适应降噪(a)　自动咔嗒声移除(b)　自动相位校正(c)

这里重点讲解适用范围更广、校正效果更为精细的"降噪（处理）"功能。这一手动操作的总体路径分为获取噪声样本、应用样本并去除噪声两个部分，具体步骤与思路如下：

在原始录音素材中，滑动选定噪声区域，在"效果"菜单中进入"降噪/恢复"，选择"捕捉噪声样本"，选中区域则将在下一步降噪器启动时，成为样本以供加载（见图 6－35）。这里需要注意两个问题：一是选中区域的典型性，即需

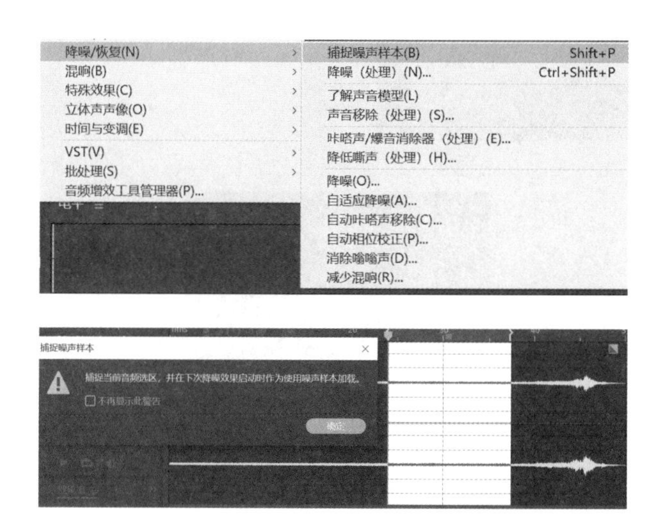

图 6－35　捕捉噪声样本

要选取能够代表录音环境的噪声片段，即为俗称的“底噪”，如只有房间中恒定的一些空气噪声或是电气噪声，那些类似咳嗽、关门等偶发的、非持续性的噪声，不可选入样本区；二是在现场录音时，就要留意预录足够时长的环境声。AU 默认的噪声抽样 FFT 值为 4 096，最小值为 512，过少的样本量并不利于噪声特性的分析，因而录音师需要预录至少数秒的环境声片段以支持后期的样本分析，如果毫无准备，所有片段都为对白等素材所覆盖，后续的降噪操作也就无从谈起。

取样完成后，便进入应用样本阶段。在“效果”菜单中进入“降噪/恢复”，选择“降噪(处理)”，便会加载并予以分析刚才选取的样本(见图 6－36)。在样本分析框中，横向坐标为噪声频率，纵向坐标为噪声强度，黄色与红色的噪声分布线分别代表噪声的最高与最低值，绿色的“阈值”线决定着降噪的程度。如图 6－36 所示，默认降噪百分比为 50%，则意味着此时红色线至绿色线所界定区域内的噪声均会被去除。当尝试提高降噪百分比时，“阈值”线将向黄色线靠拢，直至 100%时重合，意味着所有噪声将被去除；反之，当尝试降低降噪百分比时，“阈值”线将向红色线靠拢，直至 0%时重合，意味着不处理任何噪声。

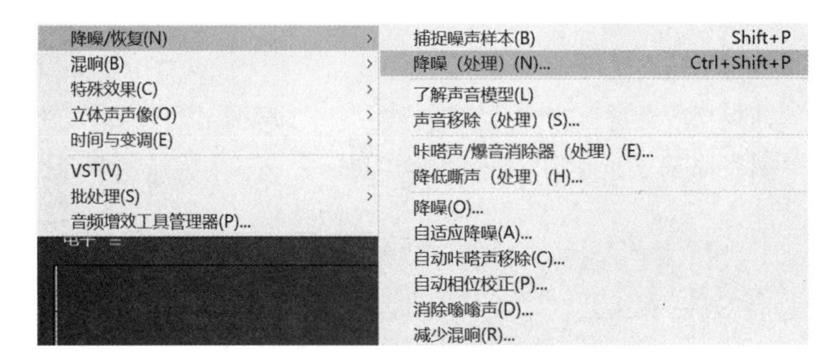

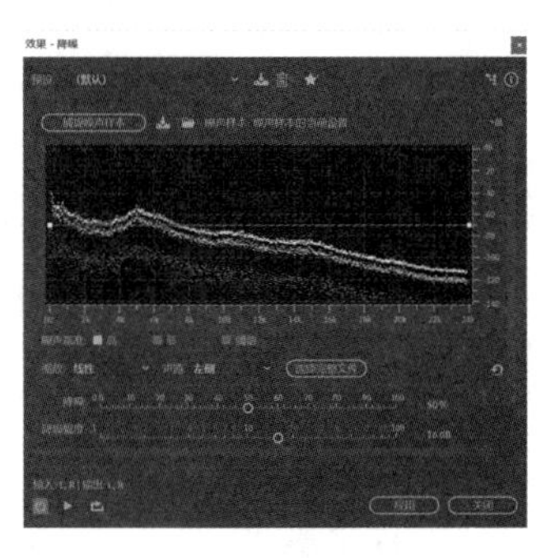

图 6－36　降噪(处理)

调整降噪比例与幅度，然后点击“选择完整文件”并“应用”，从而去除整段音频中的噪声。在调整的过程中，应当注意降噪始终是一种有损原始音质的操作，要慎用过高的参数设置，并通过不断的试听以取得最佳的效果。

利用“频谱频率显示器”消除噪声

消除已与目标音频融合的噪声并非易事，很难在波形模式下将其剥离选中，因而上述“降噪（处理）”的方法不太适用。对于一些特定噪声的处理，可以在“频谱频率显示器”中完成。

点击菜单栏的“显示频谱频率显示器”（见图 6－37a），呼出频谱频率的可视化窗口。如警铃、电话铃、咳嗽、关门等一些具有特定频率的噪声，会清晰地显现在视图中的某一位置或区域。如图 6－37a 所示，“嘟嘟嘟”的电话铃声在上方波形视图中与背景音乐混为一体，难以分离；但在频谱频率视图中，于 2 k 至 3 k 的频率带显示为独立而连续的短条纹（见图 6－37b）。AU 由此提供了一种类似 PS 的修图方式，在可视化界面中完成对噪声的修复。

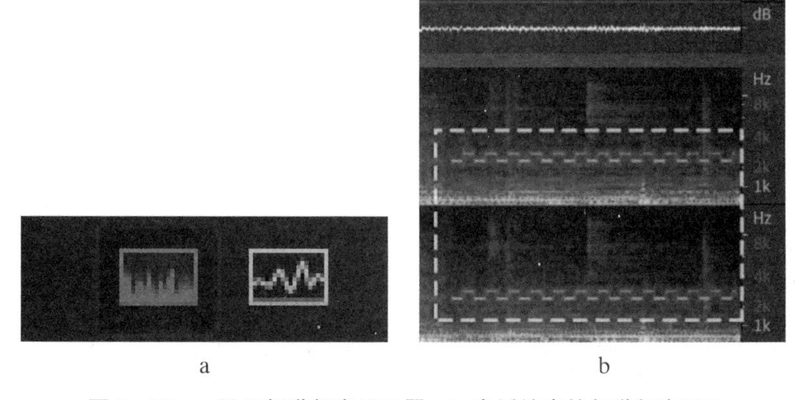

a　　b

图 6－37　a：显示频谱频率显示器　b：电话铃声的频谱频率显示

在频谱频率的可视化界面中，可以运用的工具包括：“框选工具”“套索选择工具”“画笔选择工具”“污点修复画笔工具”（从左往右，见图 6－38a）。与 PS 的选取操作类似，可以直接用框选中，或用套索不规则地划选中，或用画笔描绘相关噪声区域（见图 6－38b）。在使用画笔选择工具时，另有笔触的大小与透明度可供调整，以提高选择的精度以及处理噪声的程度，透明度越高，笔触越深，去除噪声的程度也越高，反之则笔触越淡，去除程度越低；运用画笔时，也可同时按住 Shift 上档键，以并选多块区域（见图 6－38c）。上述可视化操作，都可以借鉴运用 PS 的相关经验。

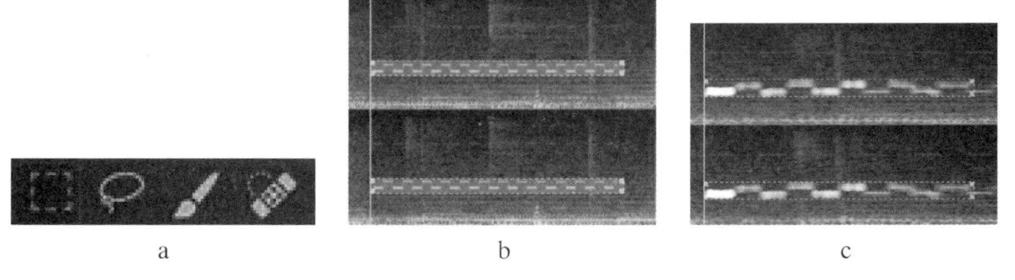

a　　　　b　　　　c

图 6－38　a：频谱频率显示器操作工具栏　b：使用框选工具　c：使用不同透明度的画笔选择工具

完成选取后，可以直接按删除键，此时相关区域便会留空，代表反映此噪声特性的频谱频率信息已被消除，噪声自然也同时被消除（见图 6－39a）。若使用画笔选择工具，随着笔触与透明度的设置不同，去除后亦会呈现出大小、深浅不一的留空区域，代表着对于噪声产生了不同程度的消除效果。同时可以尝试"污点修复画笔工具"，其使用方法与"画笔选择工具"相仿，同样需要先行用画笔选择好噪声区域，但无须按删除键，修复工具便会自动消除噪声，并修饰填补去除噪声后的留空区域（见图 6－39b）。

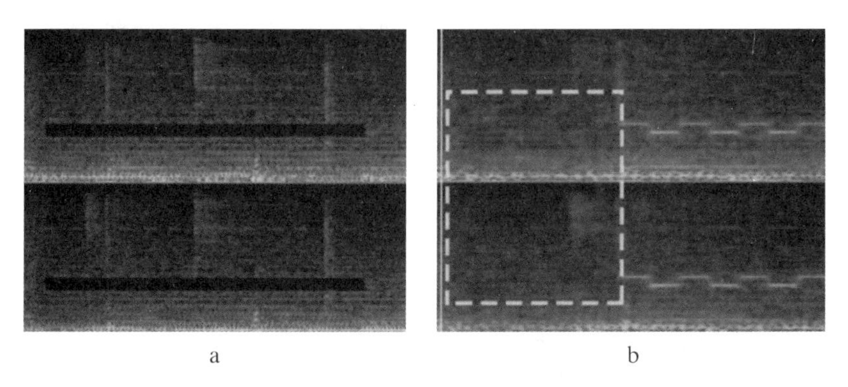

a　　　　b

图 6－39　a：删除噪声选区　b：使用"污点修复画笔工具"后自动填补的留空区域

对于一些更为复杂、与目标音频嵌合更为紧密的噪声，可以尝试使用"声音移除（处理）"功能。样图中，警车的警笛声表现为极为复杂的多重频率的结合体，很难以画笔精准选择，因而框选或划选中警笛部分(见图 6－40a)，启用“效果”菜单中“降噪/恢复”的“了解声音模型”选项，分析获知此音频片段的声音信息，并自动成为“声音移除(处理)”的样本(见图 6－40b)。

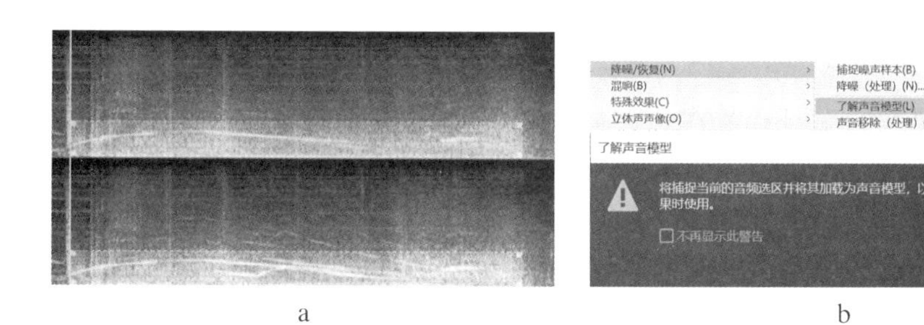

a　　　　b

图 6－40　a:在频谱频率显示器中划选噪声部分　b:了解声音模型

从操作步骤来看，“声音移除(处理)”与“降噪(处理)”类似，获得声音模型后，启用“效果”菜单中“降噪/恢复”的“声音移除(处理)”功能，进入样本应用阶段(见图 6－41a)。其中的“复杂性”与“改进遍数”需要因应实际情况，在反复试听中进行调整，频谱频率显示器也会同步显示上下并列的对比视图，以方便辨析声音移除的前后效果(见图 6－41b)。确认参数后，点击“应用”。

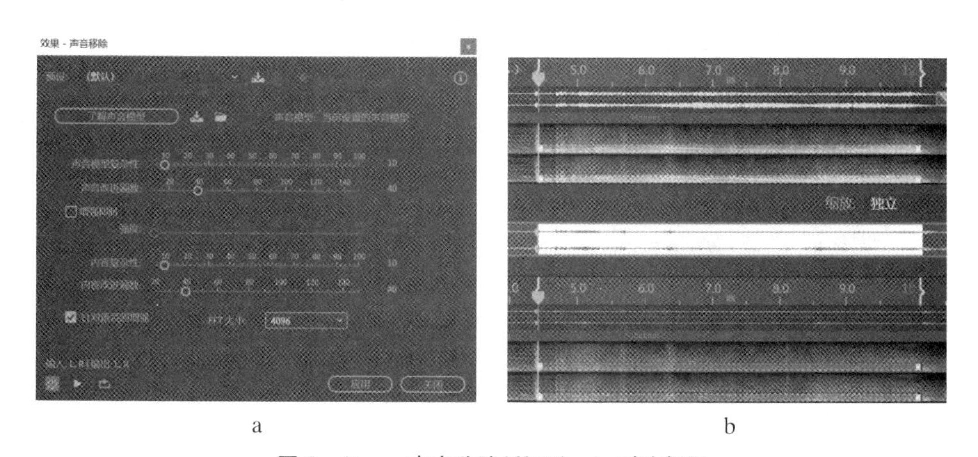

a　　　　b

图 6－41　a:声音移除(处理)　b:对比视图

(六) 混响

这一组别用以模拟不同空间的声学特性，为原有音频添加不同空间的听觉效果。可以想象在音乐厅、大会堂等空间中，各种直达声与经过空间四壁而产生的反射声混合在一起，几乎同一时间为听者所接收，就算声源消失，反射声也会保持一段时间，直至声波能量完全归零，整个过程即形成一种带有空间感、层次感的听觉效果，这便称之为混响。值得注意的是，当反射声抵达人耳的延迟时间较长，与直达声间隔超过 0.1 秒时，便形成了回声的效果。

（1）卷积混响：利用真实空间采集而来，或是虚拟制作的脉冲信号，[①]与目标音频进行卷积运算。简言之，可以将特定的脉冲信号视为参与卷积运算的一个指示函数，从而改变目标音频的原有空间声学属性，而产生一个将目标音频与特定空间相融合的声学空间。在样例中，预设“冷藏室”便加载了一个“演讲厅（阶梯教室）”的脉冲信息（见图 6－42），并提供了多种细节参数供进一步调整。如“混合”指干声（原始信号）与混响声的比例，即为控制添加效果的程度；“房间大小”指由加载的脉冲信号所再现的空间比例，数值越高，所特有的混响属性越强烈；“阻尼 LF/HF”用以控制混响中低/高频音的衰减程度；“预延迟”控制混响达到最大振幅所需要的时间，在声波高速的传播过程中，一般很快便会形成混响，然后逐步衰减；“宽度”用以控制立体声扩展；“增益”用以增强或削弱处理后的混响信号。当然，也可自制并加载更丰富的脉冲信号，以获得更为个性化的混响效果。

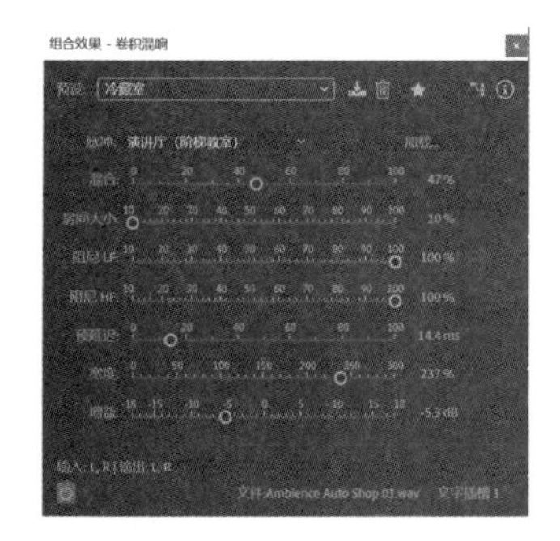

图 6－42　卷积混响

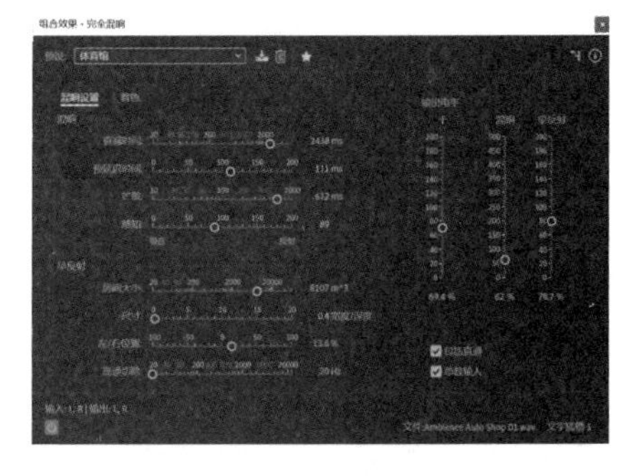

图 6－43　完全混响

（2）完全混响：属于“卷积混响”的一种，虽然无法加载自制脉冲信号，却提供了更为多元的调整参数（见图 6－43）。“衰减时间”参数越大，则混响延续时间越长；“扩散”用以控制回声，低数值会带来较为明显的回声，而高数值则可产

① *Smart7 Impulse Response Measurement and Analysis Guide* 手册中将脉冲响应（Impulse Response，IR）定义为：当受到一个脉冲信号激励时，某个被测系统在时域（时间对应振幅）上的反应特性。这个被测系统可以小至一支话筒，大至一个音乐厅；而这种反应特性可以包括抵达时间、直达声的频率组成、离散反射声、混响衰减特征、信噪比等诸多丰富的信息，故而脉冲响应可以被视为该被测系统独特的声学标签。更多信息请参阅 rational acoustics 官网，https://www.rationalacoustics.com/.

生不带回声的平滑混响;“感知”用以模拟环境的不规则程度,数值越低意味着四周墙壁、物件摆放等空间布局越规整,从而产生平滑的混响效果,而越高的数值意味着越不规则的空间,能够模拟出来自更多位置的反射声等营造的复杂混响效果;“房间大小”与“尺寸”较为直观地控制声学环境,前者以立方米为单位,后者为空间的宽/深比例,如图 6－43 中的“体育馆”便设置了 8 107 m^3、宽/深比为 0.4 的巨大空间,简单而言,“房间”越大,混响时间便越长;“左/右位置”用以控制早期反射声的偏离位置。

(3) 室内混响:并不基于“卷积”算法,因而运算速度较快,可以进行实时的参数调整,其参数控制与其他混响效果类似(见图 6－44)。

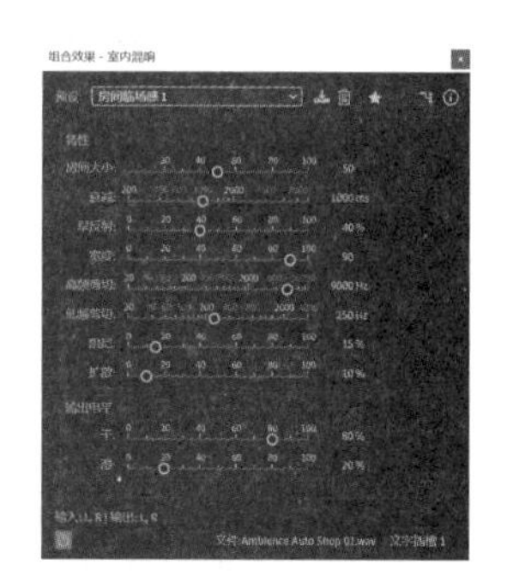

图 6－44　室内混响

(七) 特殊效果

这组效果各具特色,如“扭曲”“吉他套件”“母带处理”等,都具有不同的应用领域。比较有趣的三个效果包括:

(1) 母带处理:通常于所有单轨录制、混音调试完毕之后,进行最终的整体处理,形成一个用以批量复制、生产的数字版本。AU 对于混响、激励器(产生高频)、宽度、响度等都提供了调整选项,并设有一系列“暖色音乐厅”“梦幻序列”等预设可供尝试(见图 6－45)。

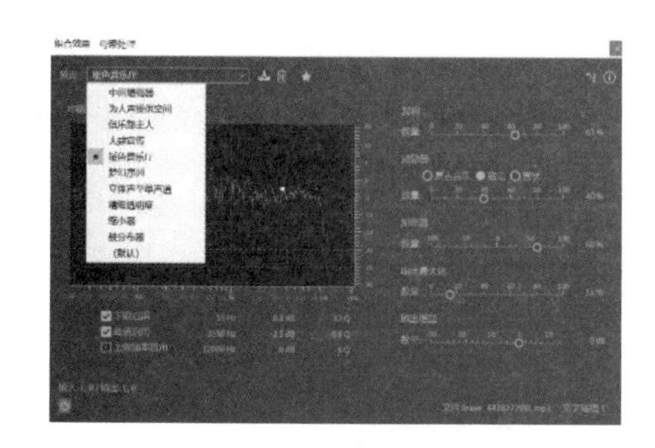

图 6－45　母带处理

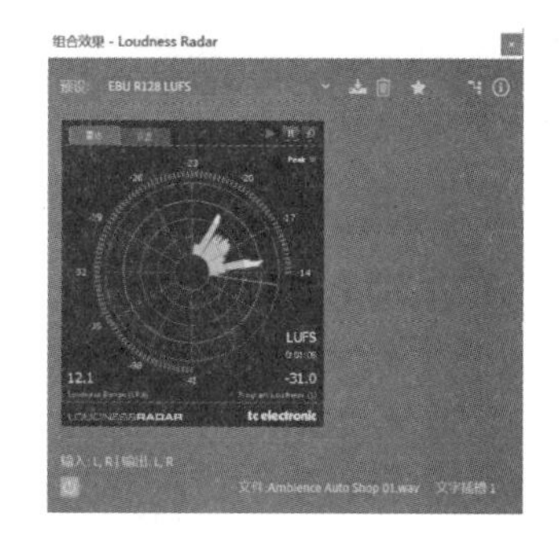

图 6－46　响度探测计

(2) 响度探测计:通过可视化图样,标识出音频的响度是否符合标准。预设中提供了由多种不同组织制定的、使用广泛的制式标准,如 EBU R128 LUFS、[①]

① 由欧洲广播联盟(European Broadcasting Union, EBU)提出。

TR-B32 LKFS、[①]Cinema、CD Master 等。如图 6-46 所示，在 EBU R128 LUFS 标准下检视音频片段，标准范围内的响度将呈现于绿色区块内，超过/低于标准的响度将呈现于黄色/蓝色区块内。通过上述可视化转化，便可清晰把握该音频的响度范围，并做出相应的调整。

(3) 人声增强：通过一组简单的预设，对于“男性”“女性”“音乐”进行自动优化处理(见图 6-47)。如对于人声可以实现去除噪声等效果。

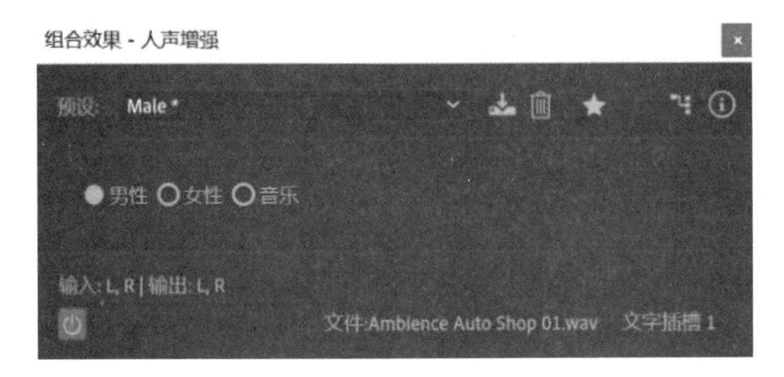

图 6-47 人声增强

(八) 立体声声像

这一组别基于立体声声场中不同类别声音的发声位置，进行不同的处理。

(1) 中置声道提取：通常被用来移除人声、制作伴奏音乐，或是突出优化人声(见图 6-48)，其工作原理为：在大多数歌唱表演场景中，歌手居于舞台中央，各类乐器分布于前、后、左、右各个位置，因而在立体声声场中，将左右声道完全相同的声音提取出来，便可大致认定为人声，从而进一步进行移除或增强。

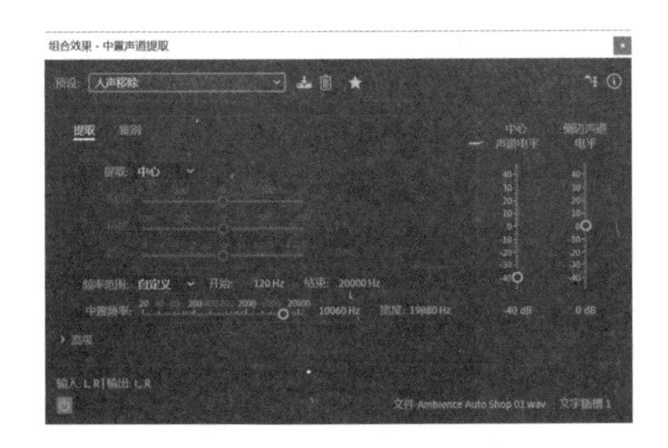

图 6-48 中置声道提取

① 由国际电信联盟(International Telecommunication Union, ITU)提出。

(2) 立体声扩展器:主要用于拓展立体声范围,或是改变中置声道声像的位置,使得立体声整体声像产生偏移(见图 6－49)。

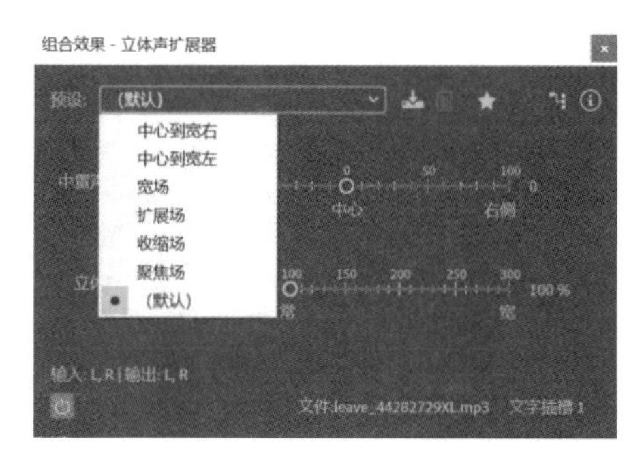

图 6－49　立体声扩展器

(九) 时间与变调

这一组别用于音调的校正,或通过音调转换获得某些艺术效果。

(1) 自动音调更正:通过对左/右声道的分析,获取原有音调信息,继而对照意向音调,提升或降低原有音调,做出自动修正(见图 6－50)。

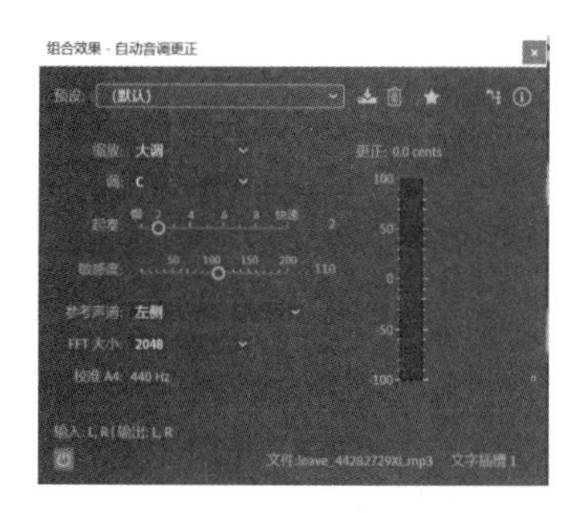

图 6－50　自动音调更正

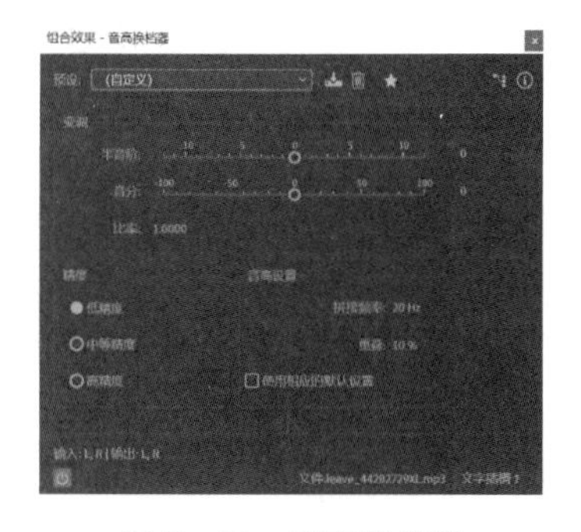

图 6－51　音高换档器

(2) 音高换档器:基于“半音阶”及“音分”[①]的高精度,提供音调的转换效果,并提供了例如“黑武士”之类的有趣预设(见图 6－51)。

(十) VST/VST3

AU 同样支持以第三方插件形式出现的效果器,例如 Steinberg 提供的虚拟

① 在具有 12 个音高的音阶中,每两个音阶间差一个“半音阶”;每个“半音”音程又可分为 100“音分”。

录音室技术(VST, virtual studio technology)系列插件。[①] 更多的外部插件可以通过菜单操作“效果→音频增效工具管理器”进行添加与使用(见图 6-52)。

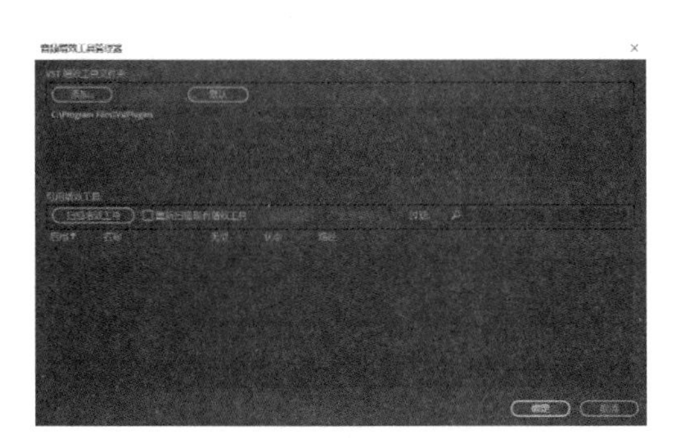

图 6-52 音频增效工具管理器

四、多轨模式下的基本编辑

多轨剪辑是数字音频制作最为常见的工作模式，相较波形编辑，多轨剪辑将不同类型、不同用途的音频片段规整、混合至多个音轨中，这些片段可以来自已有素材、现场录音，或是任何数字采样合成。在后期编辑与混合的过程中，原始信号的音量、频率、动态、声像等诸多属性，可以再次得到调整，除了有效提升个别音频的音质外，良好的混音操作可以升华作品的整体情感表达，从而打动听众。

新建多轨会话后，会进入多轨剪辑界面，一些剪切、复制、粘贴、选取、录音、放缩显示等基本操作与波形剪辑模式无异，双击某一单独音频片段，可以切换至波形剪辑，对此音频进行单独处理。

一些多轨模式下的基本操作包括以下步骤。

(一) 音轨控制

在开始多轨编辑之前，需要养成一个良好的工作习惯：根据不同用途，将音频片段分门别类地安置到不同音轨中去，例如主持人的旁白自成一轨，嘉宾又是一轨，配乐再成一轨，依此类推，千万不可将不同的音频混为一团，到后期便会手忙脚乱。

通过音轨控件区的系列按钮可以实现对于音轨的全面操作。在每条音轨的最左端设有单音轨控件区，仅对本音轨产生影响(见图 6-53)。

---

① 更多信息请参阅 Steinberg 官网，https://www.steinberg.net/，2022-5-10.

图 6－53　单音轨控件区

单击“轨道字幕”，可以在文本框内修改轨道名，如“主持人旁白”等，以实现清晰的音频轨道管理；“M”为静音按钮；“S”为独奏按钮；“R”为录音准备按钮，若要在该音轨内录制音频，需要提前激活此按钮，使该轨道处于可录制状态，录制过程与波形编辑模式一致，录制完毕后，再次点击以释放录音准备，该轨道将处于不可录制的状态，以免于其他轨道录制时，覆盖该轨道的原有录制内容；“I”为监视输入按钮，点击激活后，在录制准备及录制中的状态下，该轨道的电平量将显示在最下方的总电平表中，以供监测。

在音轨控件区的左端为“音量”控制；中间为“立体声平衡”，用以立体声声像，向右转动时，会显示以“R”开头的数值，表明声像向右声道偏移，左转同理；右端为“合并到单声道”，点击激活后，会将立体声声场折叠至中间，形成单声道状态。

在单音轨控件区的最上方，设有全音轨控件区，并分为左、右两个区块（见图 6－54）。左区块为控制模式选择，从左至右分别为：输入/输出、效果、发送、EQ；右区块为辅助控制切换，从左至右分别为：切换节拍器、切换全局剪辑伸缩、切换对齐、切换回放自动滚屏。这些控件可以对所有音轨产生影响。

图 6－54　全音轨控件区

（1）输入/输出：在“首选项”中完成“音频硬件”设置后，仍然可以在音轨的“输入/输出”模式中，进行硬件设备的调换、选择与应用（见图 6－55）。

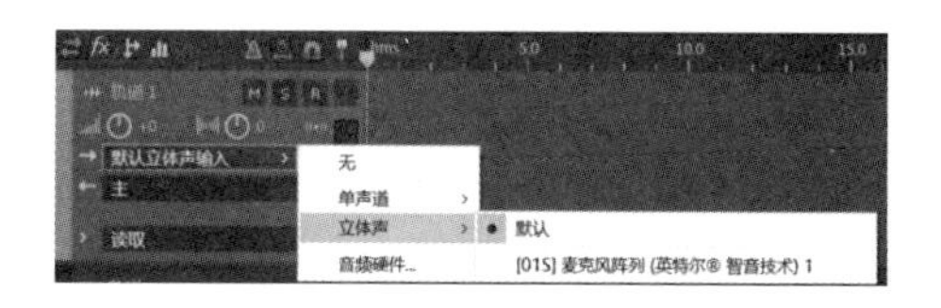

图 6－55　“输入/输出”模式

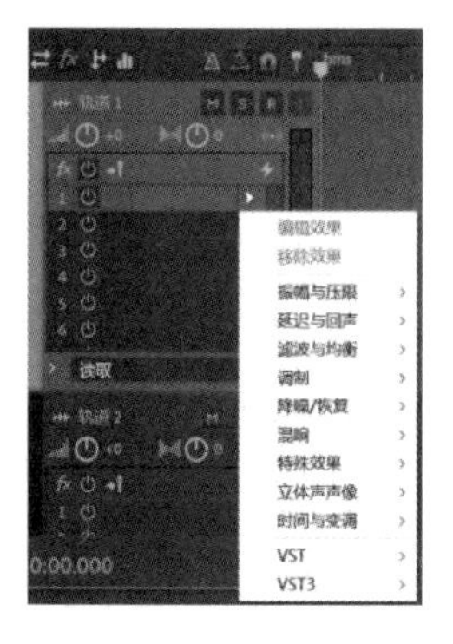

图 6－56 “效果”模式

（2）效果：点击“*fx*”按钮，进入“效果”模式，可以直接在列表中选择并添加相应效果（见图 6－56）。其中效果开关按钮旁的“效果前置衰减器/后置衰减器”，用来控制所添加的效果作用于音量衰减的位置。

（3）发送：点击“发送”按钮，可以为该音轨添加或是选择主线，这里可以借鉴第三章中介绍混音单元时提及的母线概念，AU 也为音轨提供了一种类似混音台上的母线发送功能（见图 6－57）。如图 6－57 所示，为音轨 1 添加了总音轨 A 的一条母线输出后，若将音轨 2 的发送设置也指向总音轨 A，则两条音轨便进入同一母线。从而实现对同一类音执的编组监听与控制。当然，所有音轨最终由最底端的主输出完成混合。

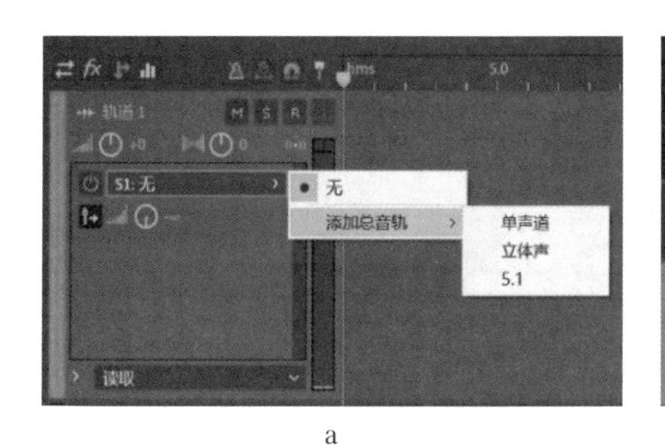

a

b

图 6－57 a：为音轨添加母线发送 b：两条音轨发送至同一母线

（4）EQ：进入“EQ”模式，点击“笔状”按钮，将弹出“均衡器”选项（见图 6－58），以对该音轨的各频率段进行调整，具体方法可参考前文的“滤波与均衡”内容。

在右区块的辅助控制中，从左往右四个切换键分别负责控制开启与关闭下列四项功能：

（1）切换节拍器：将在音轨上方添加一条可调整节奏、音量、声像的节拍器（见图 6－59），以供录音、剪辑等情况下对标节拍使用，节拍器音轨仅供参考而不会导出至主输出。

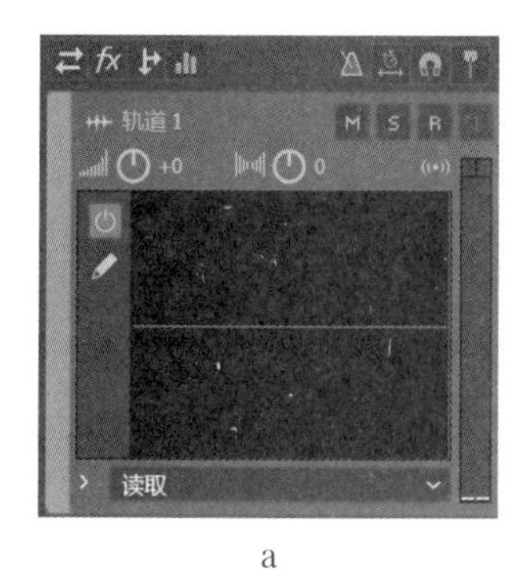

a

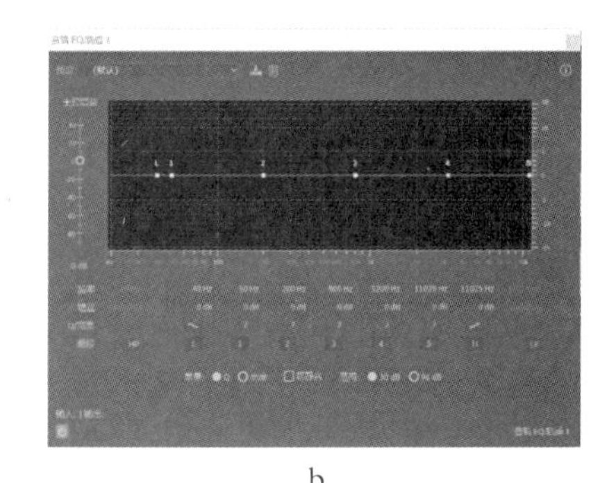

b

图 6－58　a:“EQ”模式　b:音轨均衡器

图 6－59　节拍器

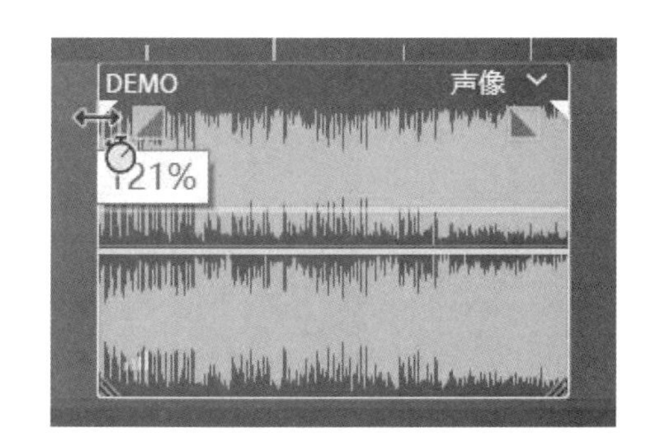

图 6－60　全局剪辑伸缩

(2) 切换全局剪辑伸缩:激活后,置于该音轨的所有音频片段前后端将出现指示伸缩功能的白色三角(见图 6－60),当鼠标靠近时,将转换为“←→”与秒表符号,表示可以进行时长伸缩。需要注意的是:在拉伸过程中,数字大于 100%,时长变长,速度变慢;在收缩过程中,数字小于 100%,则时长变短,速度变快。

(3) 切换对齐:默认开启,在编辑音频时,不同片段可以实现自动边缘对齐。

(4) 切换回放自动滚屏:默认开启,在录音或播放时,会随着音频的前进,而自动滚动到下一屏幕。

(二) 混合剪辑

多轨模式的基本工作便是对多段音频进行混合剪辑,其中包括排列、组合、叠加等,可以借鉴影像中“蒙太奇”的概念,在不同音轨上,按创作文本安置好剪切完毕的片段,形成统一的声音“故事线”。在剪辑过程中,可以将两个片段重叠安置,从而快速形成交叉融合的效果(见图 6－61 底端背景音乐轨)。

AU 同时提供了更为直观的“混音器”视图,下拉菜单“窗口”呼出“混音器”

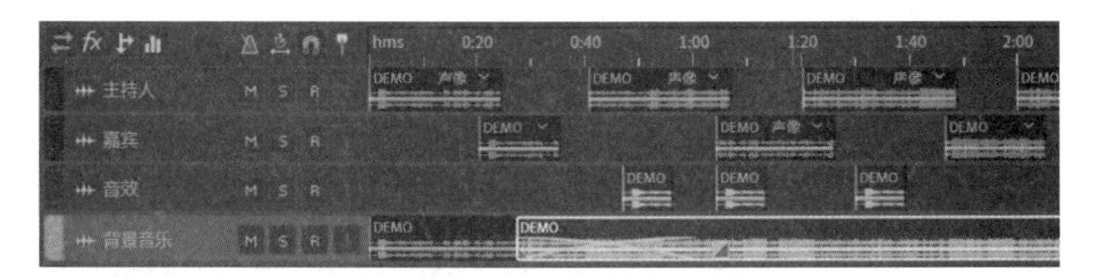

图 6－61　多音轨混合剪辑

后，会出现一个模拟实体调音台的界面（见图 6－62），可以实现对于各条音轨的多项基本操作，并可以运用推子来便捷地完成音量控制。

图 6－62　混音器

（三）音量/声像/效果包络与增益控制

下拉菜单“视图”，可以显示音量、声像、效果包络与增益控制（见图 6－63）。包络（envelope）用来描述声音每时每刻的变化，具体而言，音频片段上会以不同颜色的指示线代表音量、声像、效果的输出，通过点击可以在指示线上添加并移动关键帧，从而形成属性变化。如图 6－63 所示，在效果包络上就“回声”

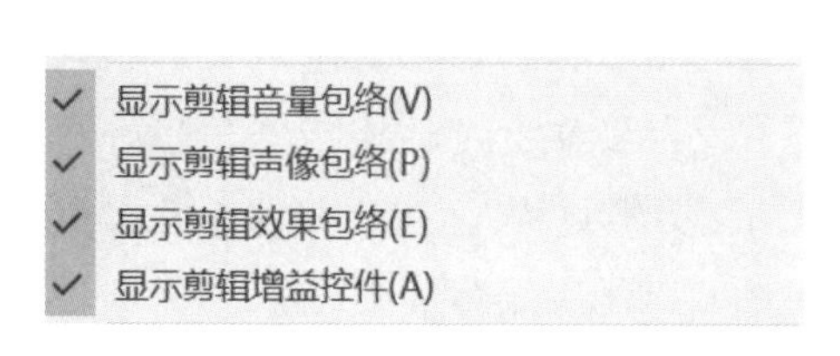

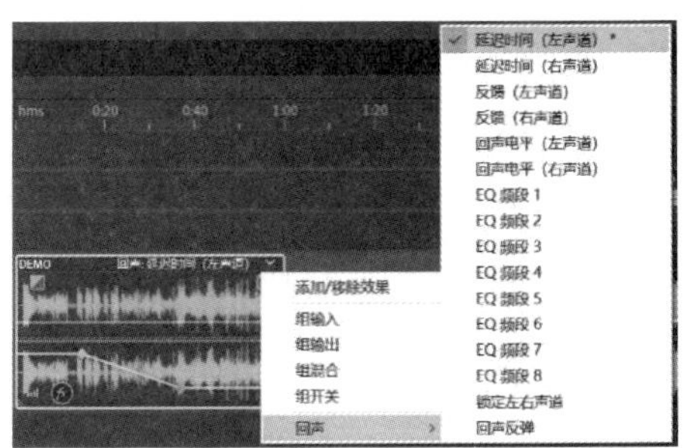

图 6－63　音量、声像、效果包络与增益控制

效果的“延迟时间(左声道)”进行了关键帧的处理。

显示“增益控制”后,会在音频左下角出现一个类似信号强度的符号,鼠标靠近此符号会变为“←→”符,通过左右移动控制增益。

(四) 多轨混音导出

多轨模式提供了多种导出形式,菜单操作路径为“文件→导出→多轨混音”(见图 6-64)。其中,“时间选区”仅导出利用“时间选择工具”划选中的区域;“整个会话”将导出编辑器中所有音轨上的内容;“所选剪辑”仅导出选取中的音频片段。同时,AU 与 PR 可以实现无缝对接的工作流程,将于后续小节进行详细介绍。

图 6-64　多轨混音导出

五、多轨模式下的效果编辑

多轨模式下的效果应用与编辑,与波形模式下相仿,但提供了更为多元与自动化的效果应用。

(一) 剪辑/音轨效果

在效果组栏目中,多轨模式提供了“剪辑效果”与“音轨效果”两类添加形式(见图 6-65):前者应用于单个音频片段,使用方法参考波形剪辑;后者应用于整条音轨,可以方便地将音效应用于某一音轨上的所有音轨片段。例如,当主持人旁白需要添加“混响”效果时,可以将所有旁白归集于同一音轨后,集中添加“音轨效果”,即可作用于所有片段。

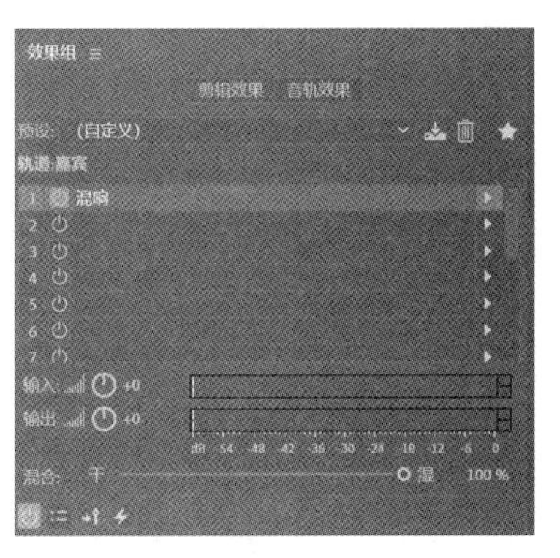

图 6-65　剪辑/音轨效果

(二) 匹配响度

在菜单中操作“窗口→匹配响度”,将显示“匹配响度”操作窗(见图 6-66)。将文件池中的音频拉入待匹配框,选择合适的匹配标准,便可以快捷地自动完成对多个音频文件的响度修正，以达到所有音频的响度统一。当然“匹配响度”功能也可在波形编辑模式中使用，对单个音频进行同样的操作。

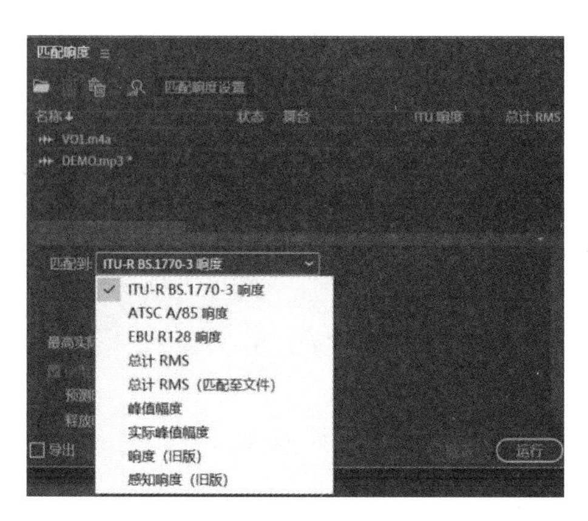

图 6－66 匹配响度

同时，AU 提供了包括“ITU－R BS. 1770”“峰值幅度”等多个标准，与“目标响度”“容差”“最高实际峰值电平”等主要参数各有差异。国际电信联盟（ITU）标准[①]在广播领域被广泛使用，也可根据项目的需要自行选择。

（三）基本声音

在菜单中操作“窗口→基本声音”，将显示“基本声音”操作窗。总的来说，此项功能针对不同类型声音，提供了一揽子自动化处理模式，大大提高了整体工作效率。

“基本声音”选项的首要步骤为“分配标记”，从而展开扩展性处理。声音素材被分为对话、音乐、SFX（音效）、环境四大类型（见图 6－67）。选择要处理的音频片段后，点击相对应的标记，该片段便会被赋予相应的操作属性。如果选择错误，或是需要重新分配，点击“消除音频类型”即可。

在“对话”类型中，首先为“基本声音”提供了“预设”，可以直接为人声添加“电台”“电话”“大型房间”等效果，并进一步提供了“响度”“修复”“透明度”“创意”“剪辑音量”“静音”等细分调整项（见图 6－68）。

---

① 更详细的 ITU Broadcasting Service（Sound），可以参见 ITU 官方网页，https://www.itu.int/pub/R-REP-BS/en，2022－5－24.

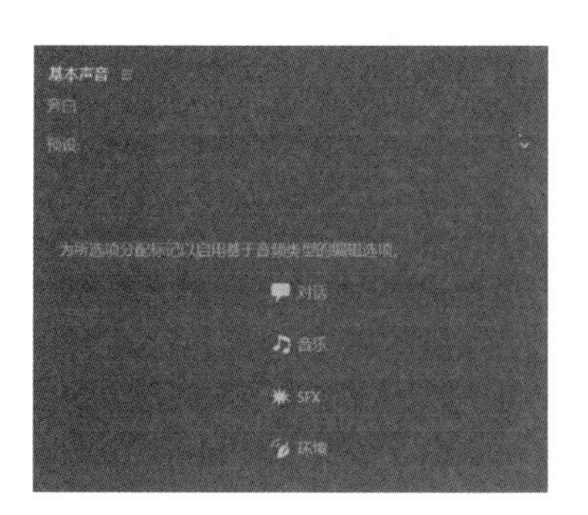

图 6－67　“基本声音”选项

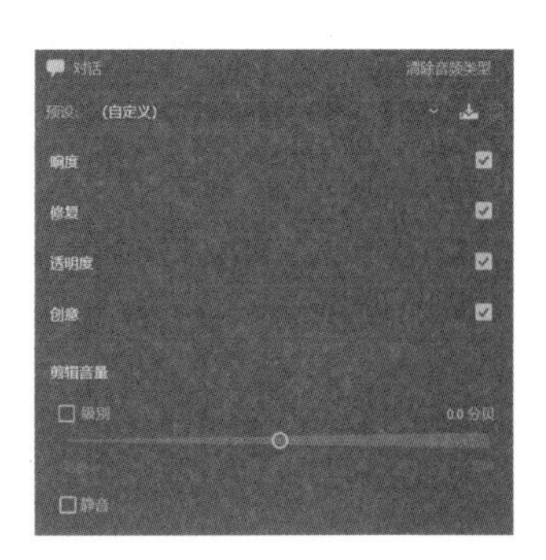

图 6－68　“对话”类型选项

勾选“响度”选项后，可以启动“自动匹配”功能，可一键将音频片段调整至标准响度(见图 6－69)。

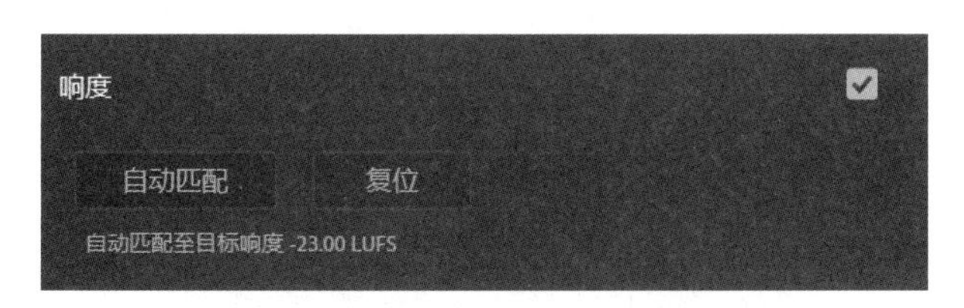

图 6－69　“响度”选项

勾选“修复”操作后，启动五类自动去噪功能。其中，“减少杂色”类似于前文提及的“自适应降噪”；“降低隆隆声”用以减少机械声、风声等低频噪声；“消除嗡嗡声”用以减少电路干扰噪声；“消除齿音”用以减少发声中的高频嘶声；“减少混响”用以削减混响效果(见图 6－70)。

勾选“透明度”选项后，可以启动三类音色调整。其中，“动态”用以压缩或扩展“动态范围”，即前文提及的“动态处理”；“EQ”在提供预设的同时，亦可通过滑块调整参数细节；“增强语言”可以在女声、男声间进行增强选择(见图 6－71)。

勾选“创意”选项后，可以启动混响调整，亦提供了预设与滑块调整的两级操作(见图 6－72)。

在“基本音乐”选项中，除了通用的响度自动匹配、音量与静音控制，“基本声音”选项还提供了“持续时间”与“回避”两大独特的自动化功能(见图 6－73)。

勾选“持续时间”选项后，启动对音频片段的时长调整。这里提供了“重新

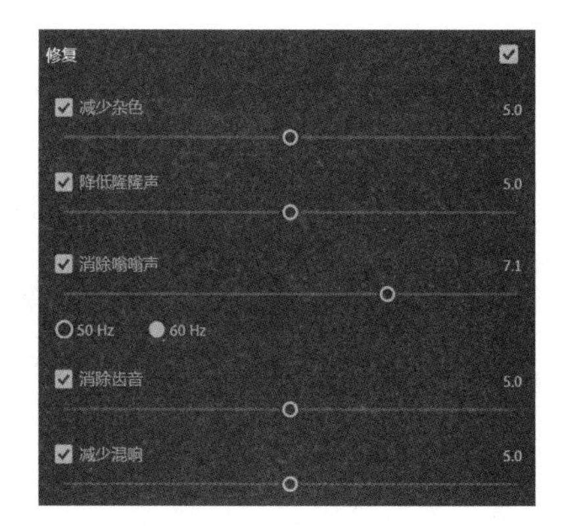

图 6-70 “修复”选项

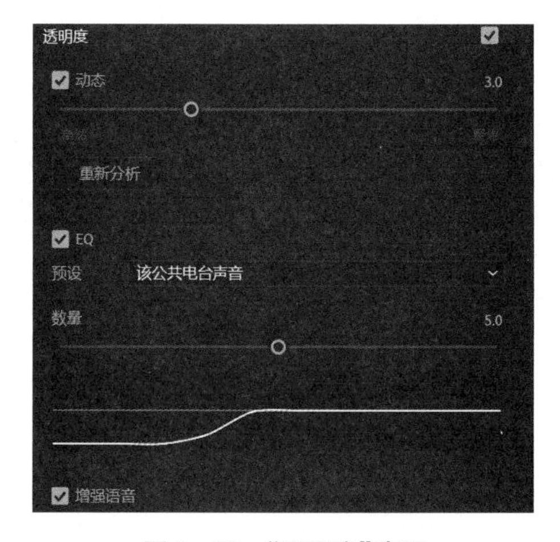

图 6-71 “透明度”选项

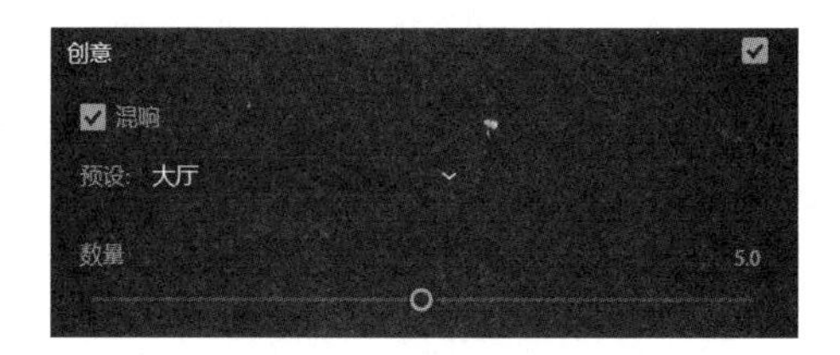

图 6-72 “创意”选项

混合”与“伸展”两个选项。“伸展”，即简单地加快/减慢音乐节奏，目标时间码越短，节奏越快，反之则越慢（见图 6-74a）；“重新混合”则基于更为智能的音节分析，可将目标片段拆分为一个个小节，展开重新编组混合（叠加或缩减），从

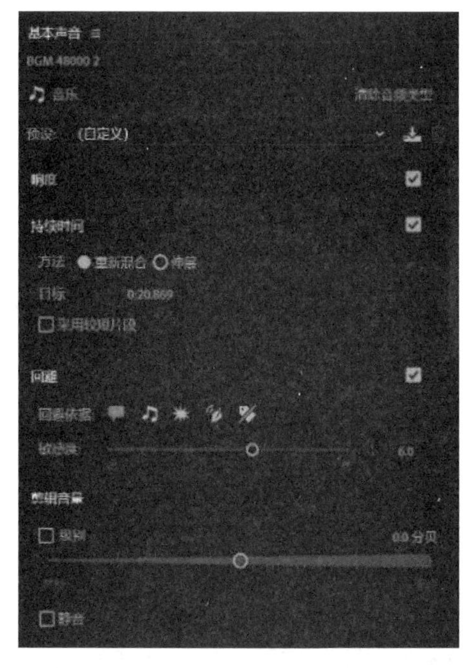

图 6－73　“基本音乐”选项

而达到改变时长的目的。应用“重新混合”后，片段末端将出现锯齿型的拉伸指示符号，只要按住此符号，简单地拉长或缩短该片段，即可实现重混后的时间变化，此时原音频将会显示为多组小片段的组合（见图 6－74b）。当勾选“采用较短片段”时，目标片段的分析拆分将更为细微，重组后的过渡与融合将会更为顺畅。

a

b

图 6－74　a:“持续时间”操作　b:“重新混合”后片段

"回避"是指音乐可以基于对白或其他音频片段，自行降低音量。一个最典型的应用场景为：播客或是视频中，陆陆续续播放旁白，而旁白出现时，音乐的音量需要适当降低，从而不至于影响到旁白。若每一次旁白出现时都手动调整音乐，必然费时费力，"回避"便提供了自动调整的功能。

其操作工序为：对回避目标片段（控制音频）进行相应标记，将需要回避的音频片段（回避音频）标记为"音乐"。在"回避依据"中选择目标片段类型（"旁白""音乐""SFX""环境"，在未分配类型情况下依据剪辑而定）（见图 6－75a），音乐便在此目标出现时显现回避效果（见图 6－75b）。若不勾选"监控剪辑更改"，则会在增幅调整线上产生关键帧，也可在自动生成的调整曲线上手动添加更多的关键帧，以实现更精细的调整（见图 6－75c）。

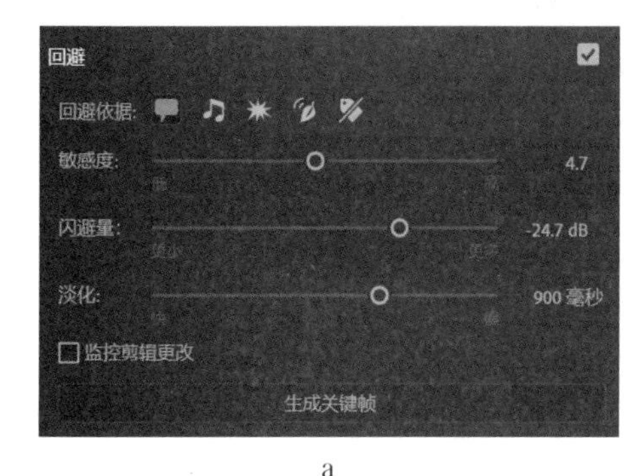

a

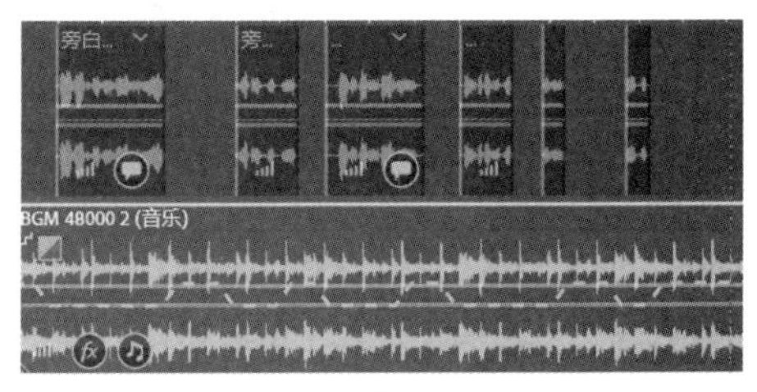

b

c

图 6－75　a:"回避"操作　b:回避效果　c:关键帧调整

"回避"的又一自动化功能在于，完成设置后，即便再次移动控制音频，回避音频也会根据控制音频更新后的位置，不断自行更新"回避"的位置，为旁白调整等日常操作提供了极大的便利。

在"SFX"类型中，额外设置了"平移"选项，可以通过滑块的左右移动来调整音频的声像（见图 6－76）。

在"环境"类型中，额外设置了"立体声宽度"选项，通过滑块的左右移动来缩窄/拓宽音频的立体声宽度,实现对环境更准确的表现(见图6-77)。

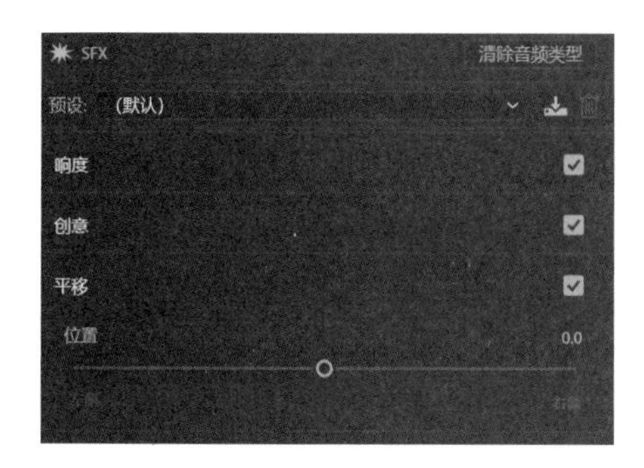

图6-76 “平移”选项

图6-77 “立体声宽度”操作

六、多轨模式下的视音频编辑

与画面相配合的音频制作,包括了最基本的ADR、复杂的拟音混音等,应用范围相当广泛。AU支持基础的视音频整合编辑,更可以通过与PR等视频剪辑软件联动,实现更为进阶的视音频操作。

在AU中导入一段视频素材后,软件将自动将其分拆为“画面”“声音”两个单独的文件,若原声为立体声,也会将其进一步分拆为左、右声道(见图6-78)。

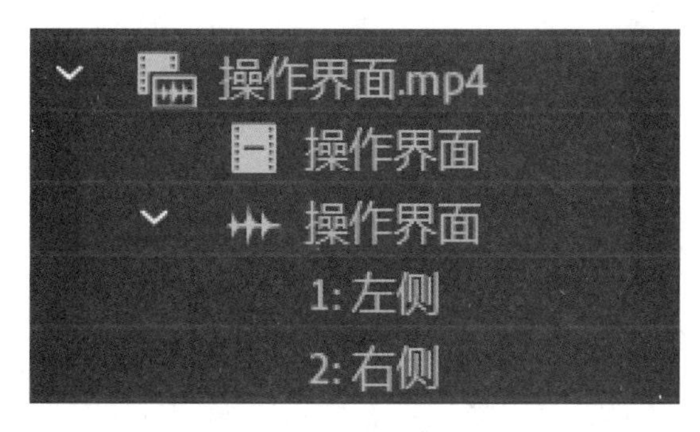

图6-78 导入视频素材

在菜单中操作“窗口→视频”,将显示视频预览窗口,可以通过“浮动面板”将预览窗独立出来,以获得更佳的操作视野(见图6-79)。

在菜单中操作“多轨→轨道→添加视频轨”,多轨视图中将出现“视频引用”轨道(见图6-80a),将分拆后的视、音频片段分别拖入视频、音频轨道,预览窗

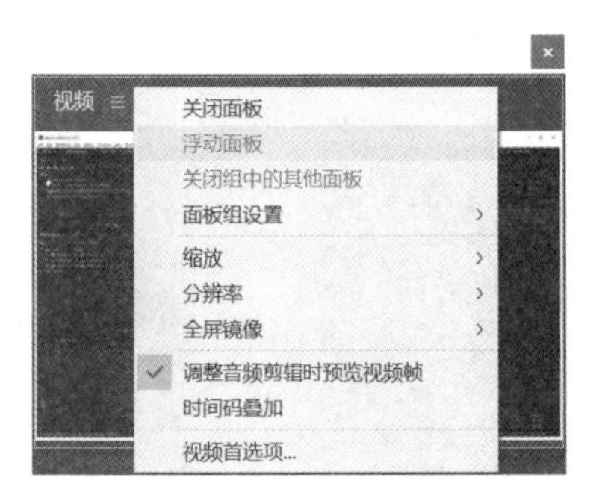

图 6－79　浮动面板

口将同步显现相关内容（见图 6－80b）。需注意拖入时，视、音频片段保持位置同步，以免出现声画错位问题。

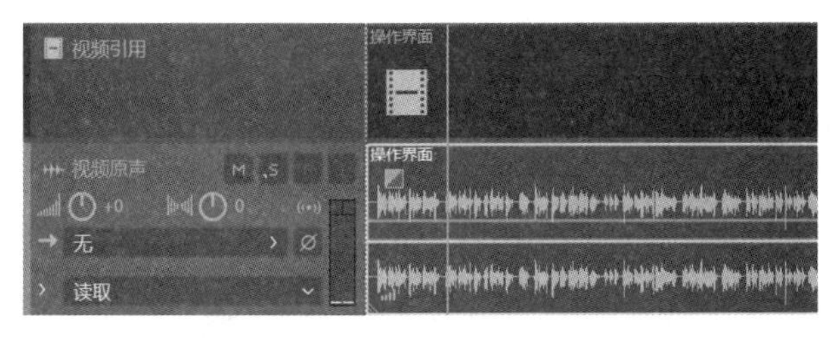

a

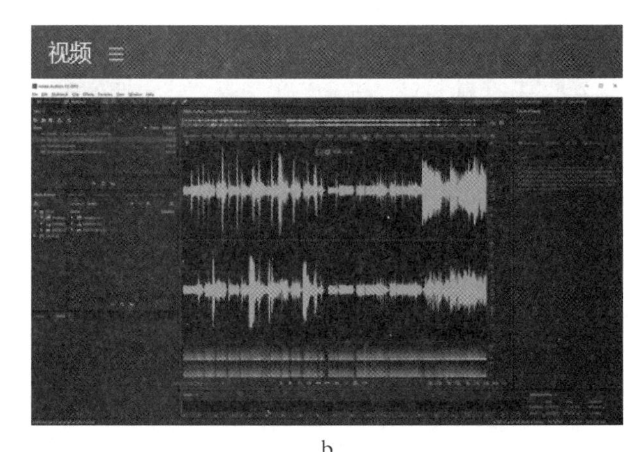

b

图 6－80　a：“视频引用”轨道　b：视频预览

在进一步执行 ADR 等操作时，可以将视频原声设为参考音轨，按下录音钮后，画面与原声将同步播放以供借鉴，并获得更好的配音效果。

AU 同时提供了“自动语音对齐”功能，以进一步提升 ADR 效率。配音录音完毕后，将配音片段与相应原声片段的大致位置对齐，选中两者后右击，在弹出菜单中选择“自动语音对齐”这一选项，设定原声为“参考剪辑”，目标片段则将被自动设定为“未对齐剪辑”以待处理（见图 6－81a）。在对齐类型中，有“最紧凑的对齐”“平衡对齐和伸缩”“最平滑的伸缩”三种形式，各自效果在时间点契合、节奏及语速控制等方面略有不同，不妨根据项目需求，尝试不同效果（见图 6－81b）。

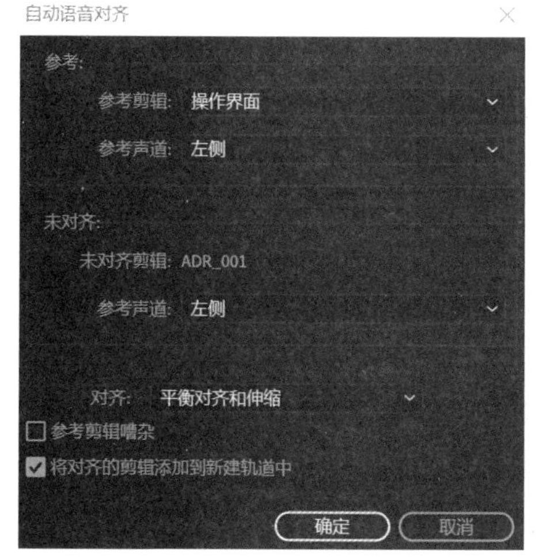

a

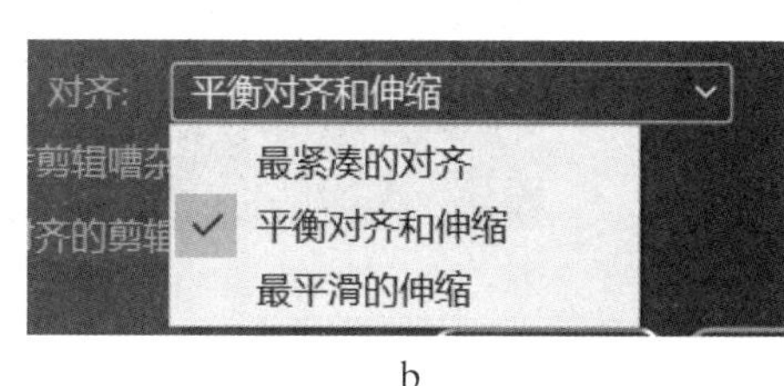

b

图 6－81　a：自动语音对齐　b：对齐类型

建议在“自动语音对齐”操作中，保留默认选项“将对齐的剪辑添加到新建轨道中”，这样在保留原 ADR 素材的同时，会得到一条额外的名为“已对齐”的新音轨（见图 6－82），方便进一步操作。

图 6－82　将对齐的剪辑添加到新建轨道中

除了在 AU 内部完成简单的声画操作外，与 PR 联动能够更有效发挥 AU

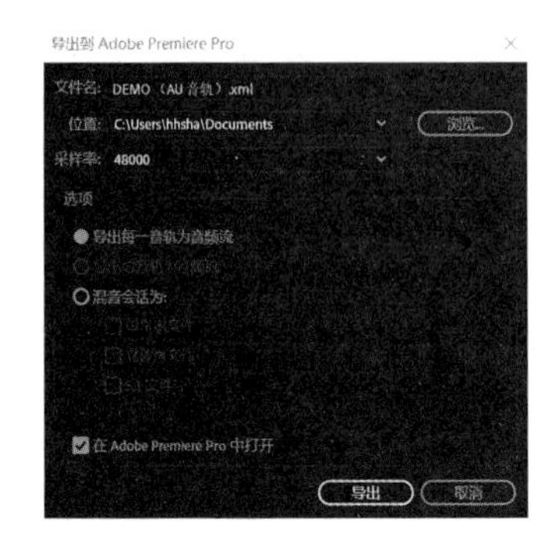

图 6-83 导出到 PR

的功能。两者的集成工作主要包括以下形式：

一是 AU 可直接打开 PR 的工程文件，对音轨进行相应操作，完成后可通过菜单操作“文件→导出→导出到 Adobe Premiere”，将调整后的音轨发送至 PR 中打开，此时一般选择“导出每一音轨为音频流”，以获得最充分的再编辑空间（见图 6-83）。

PR 接收到 AU 处理好的音轨后，一般选择插入空白音轨或新音轨，而不覆盖原有音轨，从而形成图 6-84 中的状态：A1 作为原声参考，A2 与 A3 为 AU 调整后音轨，以进行进一步的 PR 操作。

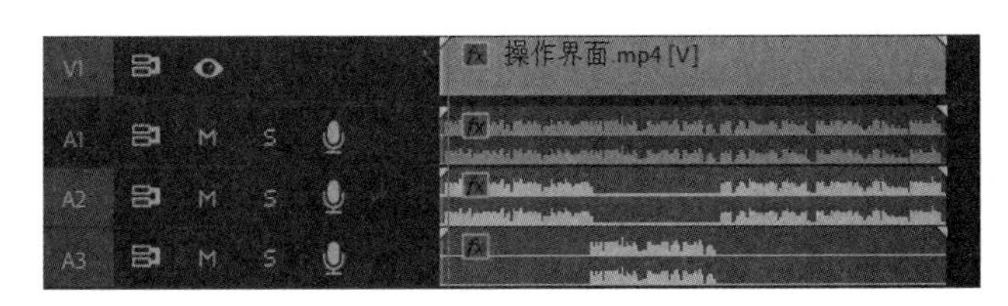

图 6-84 插入音轨

二是在 PR 中右击需要处理的音频片段，在弹出的菜单中点击“在 Adobe Audition 中编辑剪辑”，可将此单个片段发送至 AU；或者在 PR 中，通过菜单操作“编辑→在 Adobe Audition 中编辑”，也可将某个选中的片段或整个序列发送至 AU 进行操作。如果是发送单个片段，AU 将会在波形模式中展开进一步操作；如果是发送序列，则 AU 会在多轨模式中，将 PR 序列中的所有声音都分轨排列出来，同时视频轨道将显示整体时间线上的内容，而不再分轨。

三是 AU 可以通过导出 XML、OMF 等元数据交换文件，实现与 PR、FCP 等剪辑软件的工程互通（见图 6-85），这也是跨软件、跨平台操作中的最常用方法之一。

图 6-85 导出元数据交换文件

第二节　Audacity 的基本操作与使用技巧

Audacity 为一款开源、操作简易的数字音频处理软件，可供下载使用，兼容 PC、macOS 及 Linux 不同平台。较之 AU，Audacity 更适合一些简易项目的快速制作，以及初学者或初级播客主等日常使用。

在了解 AU 的基础上，以下将分为两个部分对 Audacity 做精要介绍。

一、Audacity 的基本界面与工程项目操作

Audacity 的界面简洁，各个功能区分布明确，设置一目了然，可将整个界面大致分为 10 个区域(见图 6－86、表 6－1)。

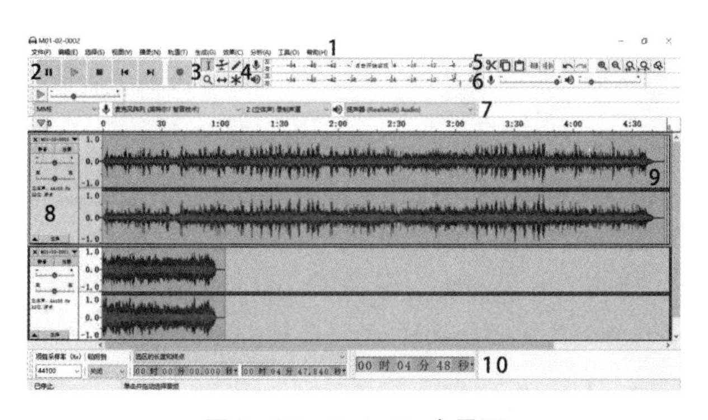

图 6－86　Audacity 主界面

表 6－1　Audacity 主界面分区

序号	分区性质	主 要 功 能
1	菜单区	通过下拉菜单完成各项基本操作
2	播放区	上排：控制音频的暂停、播放、停止、起点/终点跳转、录制(自左向右)；下排：重放速度控制
3	工具区	上排：选择、包络、绘制；下排：缩放、时间移动、多功能(自左向右)
4	电平区	上排：录制电平监视；下排：播放电平监视
5	编辑区	剪切、复制、粘贴、修剪选定外的音频、静音音频选区、撤销/重做，以及一系列放缩工具(自左向右)

（续表）

序号	分区性质	主 要 功 能
6	音量区	录制音量控制、播放音量控制（自左向右）
7	端口区	设置录制设备、录制声道数、播放设备（自左向右）
8	轨道区	静音、独奏、音量控制、声像控制
9	操作区	主要音轨操作区域
10	状态区	采样率、吸附控制、选区长度与终点、时间线指示（自左向右）

Audacity 对于工程项目的一些基本操作，均可通过上述可视化界面，或通过菜单操作实现，这里以最常用的录音剪辑工序为例进行阐述。

新建项目后，首先需要设置的是音频硬件的输入/出端口，Audacity 提供了快捷的下拉菜单以供选择正确的端口（见图 6－87），在话筒图例处选择输入设备，在喇叭图例处选择输出设备。点击“录制电平监视”栏，会显示即时的录制音量变化，以供调整。

图 6－87 输入/出端口选择

在菜单中操作“轨道→增加新轨道”，为录音所用。点击选择该轨道后，按播放区的录制按钮，开始录音，轨道上会相应出现音频波形。录音完成后，按停止键。对于需要剪辑之处，依然可以通过选择片段，进行剪切、删除、复制等操作（见图 6－88）。

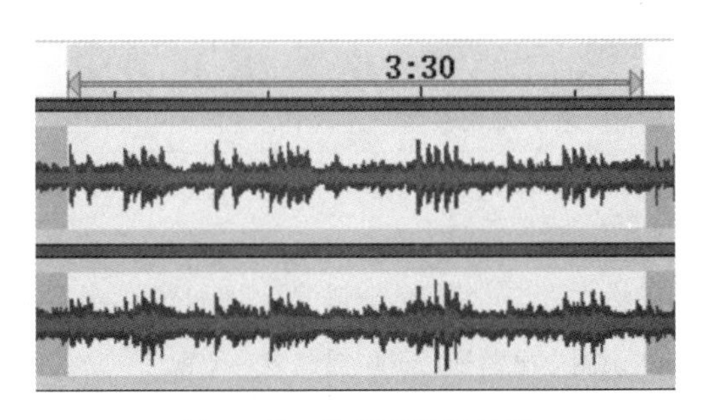

图 6－88 选择后进行编辑

这里对工具区进行逐一介绍，顺序为先上排后下排，均自左向右。（见图 6 - 88）。

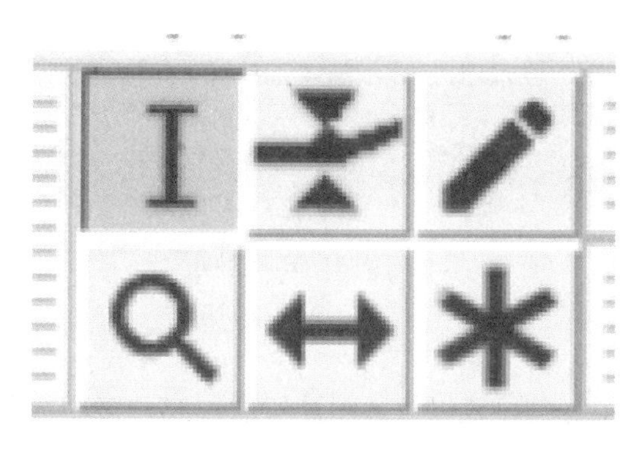

图 6 - 89　工具区

选择：对音频片段进行划选，以确定供操作的时间选区。

包络：激活包络工具后，音频上下会出现音量控制线，鼠标靠近控制线后会变为上、下两个三角的形态，通过点击控制线添加关键帧，并可上下移动关键帧以控制音量曲线，音量曲线间距越宽，音量越大，间距越窄，音量越小（见图 6 - 90）。

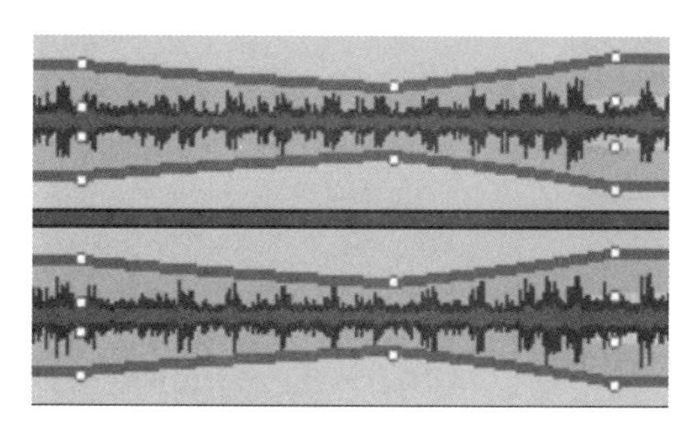

图 6 - 90　“包络”操作

绘制：利用画笔工具对音频音量进行细微控制，注意使用此功能时，需要首先将音轨放大显示至波形，待出现单个采样点后方能进行逐一绘制（见图 6 - 91）。

缩放：放大音轨显示比例。

时间移动：利用移动工具，改变音频片段在轨道内的位置，也可搬移至其他

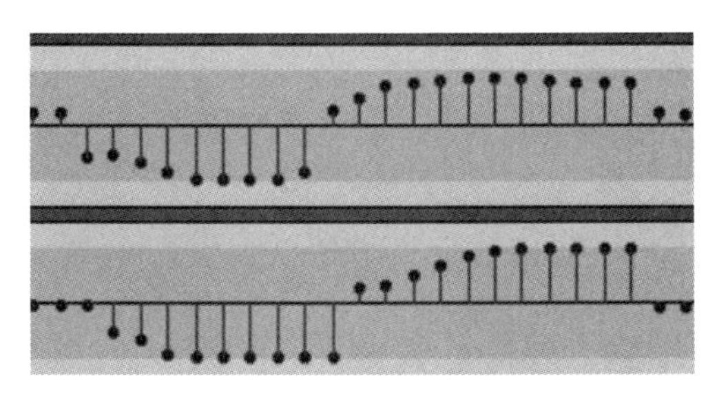

图 6－91 “绘制”操作

音轨。

多功能：根据鼠标的位置以及音频片段的形态，“多功能”工具将在“选择”“包络”“绘制”功能间自动切换，灵活应用。

在操作过程中，可以通过轨道区的下拉菜单，实现音轨更名、音轨移动、视图切换、波形颜色切换、声道交换/分离、模式切换（音频位深度）、采样率切换等操作（见图 6－92a）。在视图切换中，可以实现“多视图”“波形”“频谱图”的显示变换，以便更好地掌握音频属性以进行相应操作（见图 6－92b）。

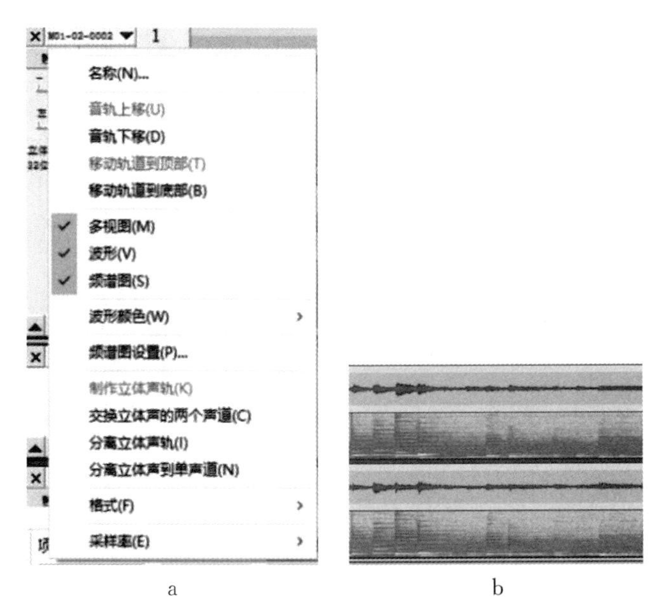

a　　b

图 6－92 a：轨道区下拉菜单 b：“多视图”模式

二、Audacity的效果与工具

在“效果”菜单中，Audacity提供了一系列效果器（见图6－93）。

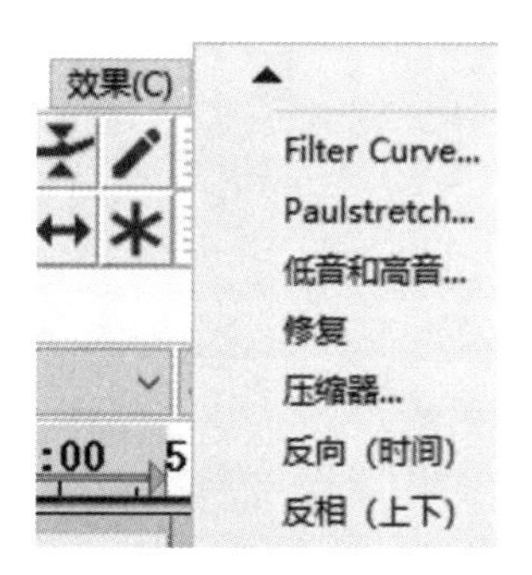

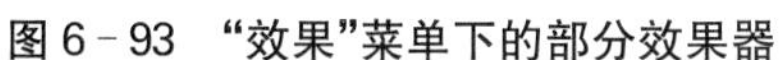
图6－93 “效果”菜单下的部分效果器

图6－94 “改变节奏”效果器

效果器的应用过程亦相当便捷，点击选中待处理的音频片段后，呼出效果器，在弹出窗口中对各项参数进行调整（见图6－94）。如图例中的“改变节奏”效果器，通过移动滑块调整“改变百分比”这一参数选项，从而控制节奏；亦可直接在“节拍数”或“长度（秒）”参数栏中直接输入数值，完成调整。

Audacity也提供了“自动回避”功能，其操作工序为：

首先，在需要回避的音轨（如背景音乐等）下方，放置控制音轨（如旁白等），否则应用效果器时，将弹出警告窗口（见图6－95）。

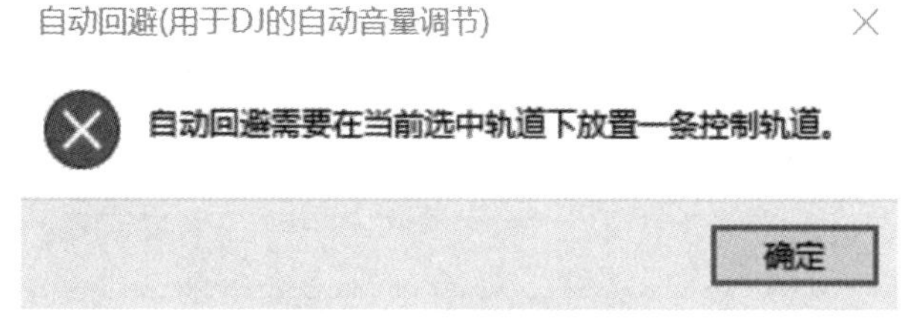

图6－95 控制音轨警告

其次，选择回避音轨后，在“效果”菜单中呼出相应效果器（见图6－96），在可视化视图中，凹型结构决定了回避的程度、回避的时间等具体参数，可以通过移动图形上的控制点，调整回避量、向内/外减弱长度等，也可直接在下方的参数框中输入数值。

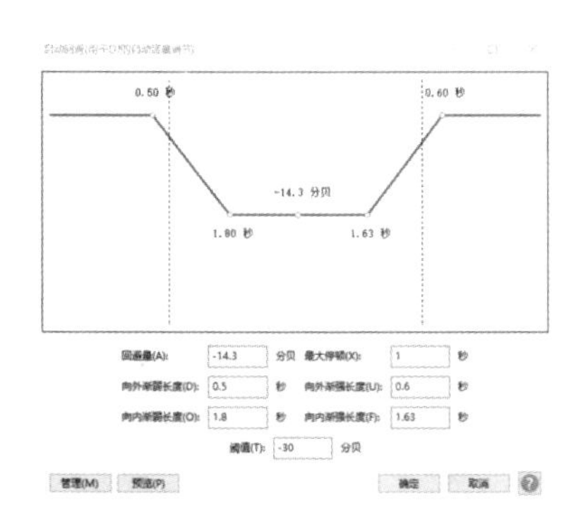

图 6-96 “自动回避”效果器

最后，完成并确定设置后，可以发现回避音轨已基于控制音轨，对音量进行了自动调整（见图 6-97）。需要注意的是，Audacity 并不提供“回避”功能的自动位置更新，若控制音频位置有所改变，则需要重新配置“回避”效果器。

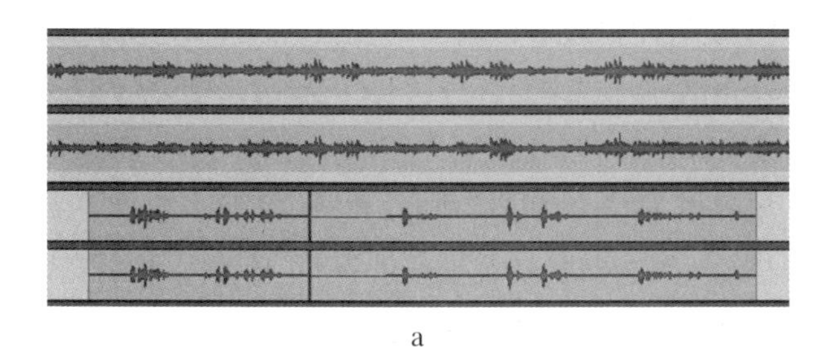

a

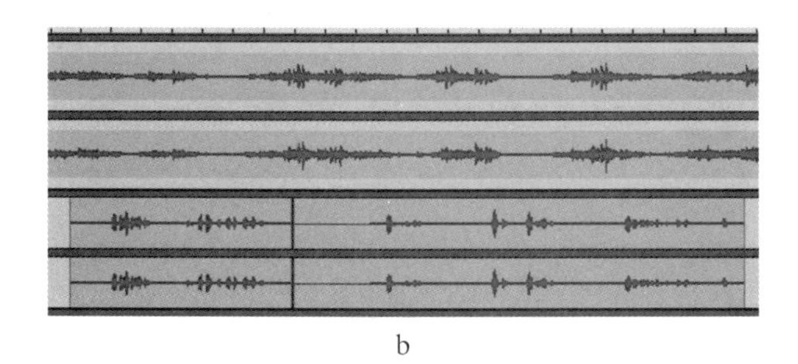

b

图 6-97 a:“自动回避”前 b:“自动回避”后

如果需要同时添加多个效果，则可再次于“效果”菜单中选取并叠加效果器使用。当然，较之 AU，Audacity 没有设立单独的效果器控制栏，因而操作时不宜叠加过多效果器，以避免操作混乱。

下拉“生成”菜单，Audacity 提供了 DTMF 音（dual-tone multifrequency，模拟电话拨号音频）、单音、噪声等生成功能（见图 6－98a）。如在样例噪声生成中，效果器首先在预设内提供了白噪、粉噪与褐噪（布朗噪声）三种类型，然后进行振幅、长度两项参数的细微调整（见图 6－98b）。调整期间，可以通过“预览”监听效果，直至到达满意结果后确定应用。这种先预设再微调的做法与 AU 相仿，也是绝大部分音视频软件中效果器的共通操作模式。

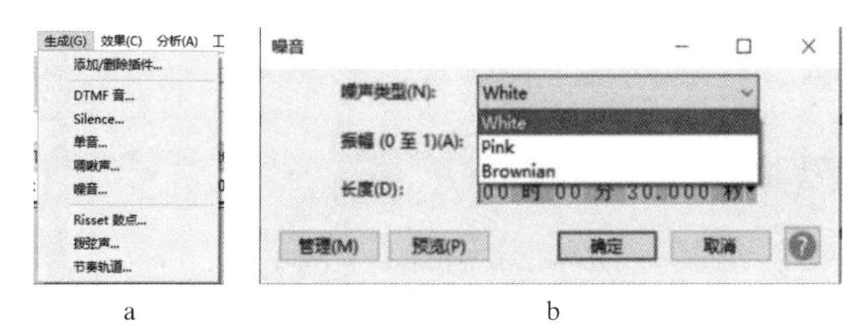

图 6－98　a:“生成”操作　b:生成“噪音”

本章系统介绍了 AU 及 Audacity 的界面与操作。与学习任何软件一样，只有不断尝试、反复练习，才能熟能生巧，在展开音频后期制作时得心应手。

1. 在 AU 与 Audacity 中，如何实现多轨操作？
2. AU 有哪些消除噪声的方法？
3. AU 与其他视频编辑软件如何实现联动工作？

请于本书配套云盘中获取操作素材，练习本章所讲解的软件操作。相关音频素材均源自 Adobe 开放资源，使用时请遵守 Adobe 提出的最终用户许可协议（end user license agreement，EULA）。

也可在配套云盘中获取电影公开预告视频片段，尝试对此片段进行 ADR 制作。

第七章

数字音频的发布与传播

本章导读

- 了解音频平台发布的基本方法与流程。
- 掌握音频节目“互动管理”的基本方法。
- 了解音频平台与社交平台互嵌的基本途径。

本书第一章提及，音频制作、尤其是播客等网络节目制作，须以内容为核心、以社交为支撑，因而完成优质的后期制作之后，音频如何高效地发布与传播显得同样重要。目前，已有不少网络平台向用户提供了一站式的音频发布服务与相应技术支持，本章将以“喜马拉雅”为例，介绍整体流程与应用技巧。

第一节 音频平台发布

和大多数音频平台一样，“喜马拉雅”主要提供了网页版、桌面版、App 版三种形式，并附带有车载版、直播版等拓展形式。注册登录后，可以根据工作喜好，进入不同版本内的“创作中心”，网页版处于顶端横幅位置，App 版可在“我的”页面中找到（见图 7－1）。

以电脑端操作的网页版“创作中心”为例，其主要操作区域集中于：菜单栏及“核心数据”栏。前者用于操作音频文件的上传与管理，后者则可以清晰检视自己的作品传播的一系列数据（见图 7－2）。

图 7－1　a：网页版“创作中心”　b：App 版“创作中心”

图 7－2　网页版“创作中心”

先介绍菜单栏操作。其中最为常用的便是“节目管理”与“互动管理”。下拉“节目管理”，点击“我的作品”后，通过标签切换，显示所有已创建专辑、声音、视频或有声 PPT，通常在“专辑”列表中进行创作管理（见表 7－1）。①

---

① 本章案例讲解系基于上海交通大学“FM1896”网络电台展开。“FM1896”由上海交通大学党委宣传部指导，由交大师生共同主理，为上海交通大学官方认证的网络电台。本章中“FM1896”的所有截图与数据，均采样于 2022 年 7 月 23 日。

表 7-1 “我的作品”操作项

名称	功　能	图　例
总操作项	对于每一专辑，平台提供了“数据”“编辑”“声音管理”“分享”与“删除”功能	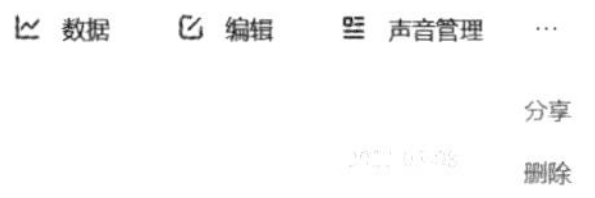 数据　编辑　声音管理　… 分享 删除
数据	核心数据包括：① 曝光量：单位时间内，专辑从平台个人化分发中获得的曝光次数总和。 订阅数：所选时间段内的，本专辑订阅次数总和。 播放量：此处统计专辑内声音被播放的次数，同一用户播放多次，统计为多次。 完播率：所选时间段内的，本专辑声音的总完播次数/总播放次数 * 100%。 点击不同数据类型，也可以在下方形成可视化图表。总的来说，以上四项数据能够较为完整地体现出节目的传播范围、制作质量、受欢迎程度，以供制作改良（见图 a、b、c）。 在“播放量”一栏中，“来源分布”可以分解、量化出节目的传播渠道占比，以帮助创作者清晰获知目标受众的媒体使用习惯，从而加大重点渠道的投放力度。在样图中（见图 d），微信小程序等渠道播放高达 7098 次，占总播放量 8233 次的近 9 成，可见与社交平台互嵌是网络音频传播的必然选择	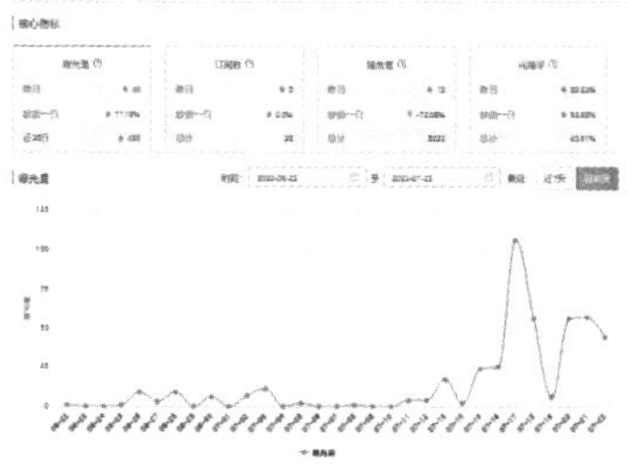 a 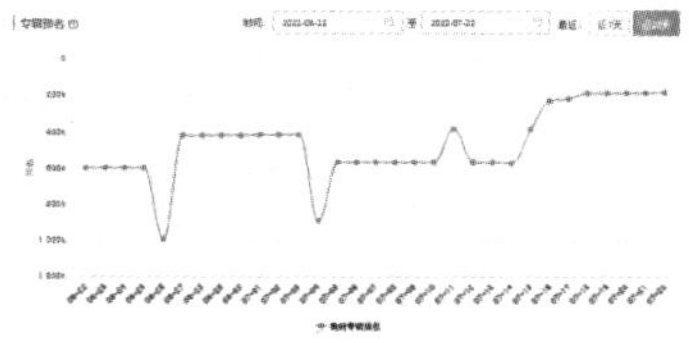 b 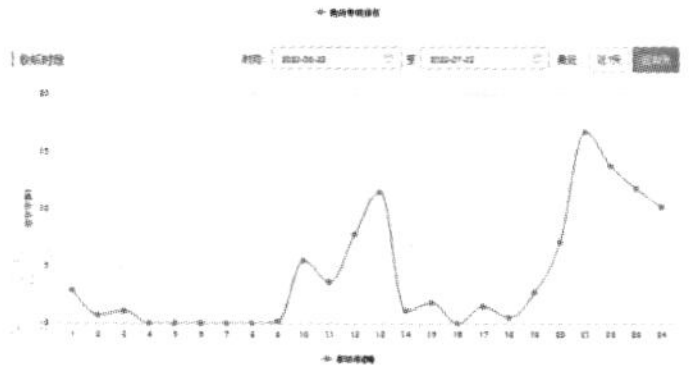 c 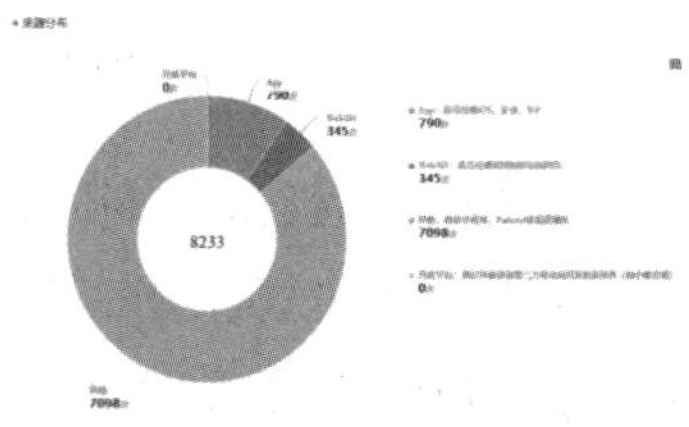 d

① 相关数据的统计方法采用“喜马拉雅”的官方说明，可点击数据类型旁的问号，以获取更多信息。

（续表）

名称	功 能	图 例
编辑	对专辑信息展开编辑，包括专辑标题、封面、简介等。总的来说，是对专辑的一个概括性展示	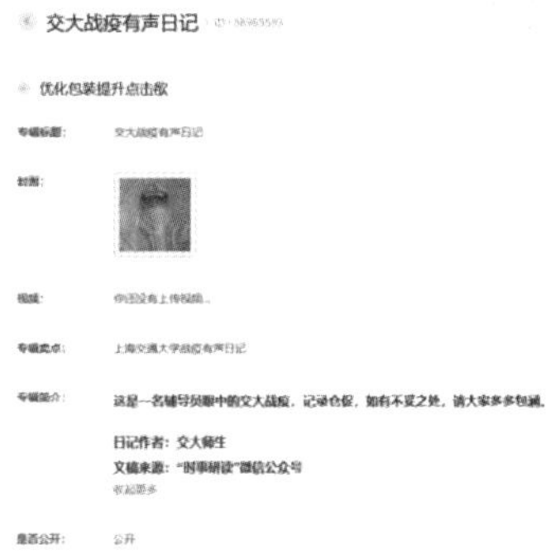 交大战疫有声日记 优化包装提升点击数 专辑标题： 交大战疫有声日记 封面： 视频： 专辑卖点： 上海交通大学战疫有声日记 专辑简介： 这是一名辅导员眼中的交大战疫，记录仓促，如有不妥之处，请大家多多包涵。 日记作者：交大辅生 文稿来源：“时事研读”微信公众号 是否公开： 公开
声音管理	对专辑内的音频文件进行操作，包括：为该专辑添加新的音频内容(见图 b)；具体编辑某一节目的信息(标题、简介、标签等)；替换声音/视频；利用在线平台直接剪辑音频；删除音频(见图 c) 同时，当整张专辑全部发布完毕后，可以“申请完结”，以形成完整的专辑结构。不过，最多可申请三次专辑完结，所以在操作前务必确保连载内容已经完成所有更新	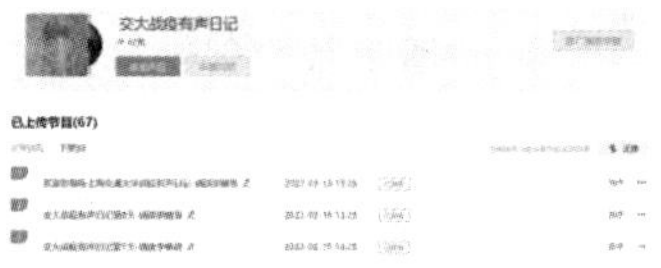  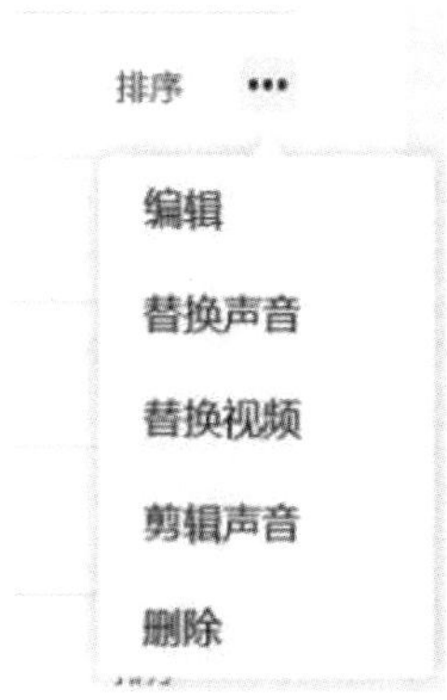 交大战疫有声日记 已上传节目(67) a b 排序 ••• 编辑 替换声音 替换视频 剪辑声音 删除 c
分享	通过扫码、链接发送等方式，将专辑推广至几大主流社交平台	 分享
删除	删除该专辑	

“节目管理”中的“创建专辑”用于新建免费/付费专辑(见图 7-3)。主要管理内容包括:专辑名称、封面、类型等信息;付费专辑旨在鼓励原创,帮助创作者积累粉丝、获得收益。

图 7-3　创建专辑　　图 7-4　互动管理

下拉“互动管理”,提供了“评论管理”“圈子发帖”“收到的赞”三项功能(见图 7-4)。

其中,最为常用的为“评论管理”,点击该功能后可浏览所有专辑/音频内容的评论情况,可以进行“回复”“删除”等操作;亦可在右侧“全部声音”的下单菜单中,选择某一专辑,进行更有针对性的评论管理(见图 7-5)。

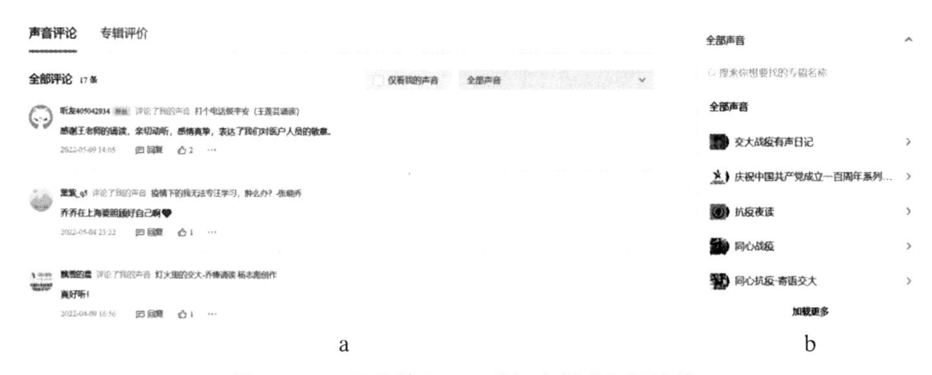

图 7-5　a:评论管理　b:选择专辑进行评论管理

菜单栏内配有其他一些拓展功能,例如“直播管理”控制直播的各项操作;“数据中心”对于专辑、节目、视频、粉丝等提供了更为详细的分析数据;当开通收费专辑后,可在“创作收益”栏中,查看管理相关收益明细与纪录;“创作实验室”则提供了免费配乐库(仅可在“喜马拉雅”规限的范围内使用)、版权登记、节目托管等商业应用辅助功能(见图 7－6)。

图 7－6　创作实验室

第二节　社交平台互嵌

凭借社交平台推广作品，提升节目传播的广度与深度，是新媒体环境下数字内容制作的核心目标。

大多数音频平台都尝试与微博、微信这些用户规模巨大的社交平台进行深度捆绑。在上一小节提及的“节目管理”中的“分享”功能中，“喜马拉雅”提供了快捷的微博分享链接，以及扫一扫分享至微信朋友圈的互联方式(见图 7－7)。

图 7－7　a:微博分享　b:微信朋友圈分享

“喜马拉雅”也进一步提供了利用公众号小程序的传播渠道，以帮助用户更深入地将音频发布与社交平台互嵌。最为常用的是将音频插入公众号文章，其步骤如表 7－2 所示。

表 7-2 公众号文章嵌入“喜马拉雅”小程序

步骤	操作	图 例
后台呼出小程序	登录公众号操作后台，进入图文消息，点击“小程序”	 图片 · 视频 音频 超链接 小程序 模版 投票
选择“喜马拉雅”	搜索并确定选用“喜马拉雅”小程序	 喜马拉雅 取消
	打开小程序，找到相关专辑，长按专辑封面，会出现“页面路径复制成功”的提示	 喜马拉雅 交大战疫有声日记 +订阅 分享 节目67 简介 找相似 播放全部 选集 1 欢迎您倾听上海交通大学战疫有声日记-诵读梁晴雪 2 交大战疫有声日记第0天-诵读梁晴雪
粘贴小程序路径	将上述路径粘贴至“小程序路径”栏，完成嵌入操作	 小程序名称 喜马拉雅 小程序路径 pages/index/index 展示方式 文字 图片 小程序卡片 小程序码 文字内容 上一步 确定

注：部分图例来自“喜马拉雅”官方教程，更多信息可参考：https://m.ximalaya.com/gatekeeper/mp-anchor-guide，2022-7-27.

1. “喜马拉雅”如何与微信平台实现互嵌？请动手试一试，将自己的专辑分享出去。

2. 音频平台如何与社交平台形成良性互动，有效的用户管理应该是怎样的？

ICS 33.160.01
M 63

中华人民共和国国家标准

GB/T 16463—1996

广播节目声音质量主观评价方法和技术指标要求

The method of subjective assessment of the sound quality for broadcast programmes and the technical parameters requirements

1996-07-09发布　　1996-12-01实施

国家技术监督局　发布

中华人民共和国国家标准

广播节目声音质量主观评价方法和技术指标要求

GB/T 16463—1996

The method of subjective assessment of the sound quality for broadcast programmes and the technical parameters requirements

1 主题内容与适用范围

本标准规定了对广播节目声音质量进行主观评价的方法。

本标准也适用于对其他节目的声音质量进行主观评价时参考。

2 引用标准

GB 3785—85 声级计的电、声性能及测试方法

GB 4854—84 标准纯音听力计用的标准零级

GB 5439—85 立体声广播节目(磁带)的录制和交换

GB 5440—85 广播用立体声录音机

GB 6278—86 模拟节目信号

GB/T 14221—93 广播节目试听室技术要求

3 术语

本标准推荐下列音质评价用术语,其含义如下:

3.1 清晰 definitional

声音层次分明,有清澈见底之感,语言可懂度高。

反之模糊、浑浊。

3.2 丰满 full

声音融汇贯通,响度适宜,听感温暖、厚实、具有弹性。

反之单薄、干瘪。

3.3 圆润 smooth

优美动听、饱满而润泽不尖噪。

反之粗糙。

3.4 明亮 bright

高、中音充分,听感明朗、活跃。

反之灰暗。

3.5 柔和 mellow

声音温和,不尖、不破,听感舒服、悦耳。

反之尖、硬。

国家技术监督局 1996-07-09 批准　　1996-12-01 实施

3.6 真实　real

保持原有声音的音色特点。

3.7 平衡　balance

节目各声部比例协调，高、中、低音搭配得当。

3.8 立体效果　stereo effect

声像分布连续，构图合理，声像定位明确、不漂移，宽度感、纵深感适度，空间感真实、活跃、得体。

4 条件

4.1 试听室

试听室技术要求应符合 GB/T 14221 中的有关规定。

4.2 评价用声系统设备的连接方法及其技术要求

4.2.1 评价用声系统设备连接方框图如下：

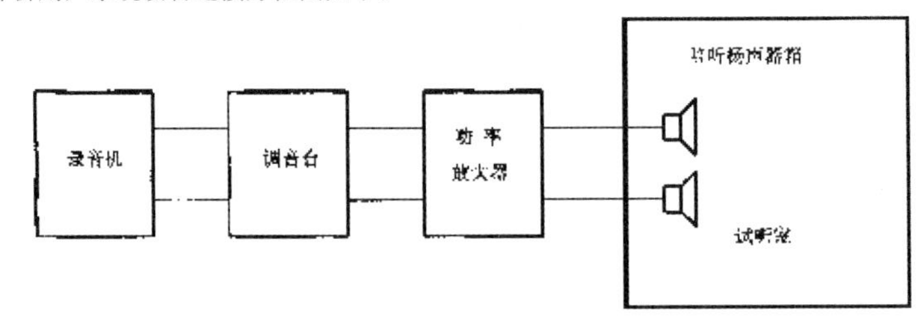

4.2.2 评价用声系统设备的技术要求

a. 录音机技术指标应符合 GB 5440 中甲级机的有关要求。

b. 调音台技术指标应优于表 1 的规定：

表 1

项　目		指　标
等效噪声源电动势		—125 dBu
通频带谐波失真		0.1%
频率响应(+0.5 dB,—1.0 dB)		20 Hz～20 kHz
通道间串音衰减(100 Hz～10 kHz)		75 dB
通道间相位差	1 000 Hz 时	1°
	10 000 Hz 时	5°
通道间电平差		±0.5 dB
线路输入最高电平		22 dBu
线路输出最高电平		22 dBu

c. 功率放大器技术指标应优于表 2 要求：

表 2

项　　　目	指　　标
频率响应(±0.5 dB)	20 Hz～20 kHz
总谐波失真	0.1%
串音衰减	60 dB
信噪比(计权信号)	90 dB
额定输出功率	2×200 W

d. 监听扬声器系统技术指标应优于表 3 要求：

表 3

项　　　目	指　　标
频率响应(±2 dB)	50 Hz～20 kHz
总谐波失真	1%
功率	200 W

评价用声系统各设备间的连线应尽可能短，接点电阻应尽可能小。

4.3 扬声器和评定员的位置应符合 GB/T 14221 中的有关规定。

4.4 受评节目磁带

受评节目磁带应符合下列要求：

a. 每盘受评节目磁带的开头应录有“模拟节目信号”(见 GB 6278)。对单声道节目磁带，录音工作磁平(OVU)为 255 nWb/m，要求录有 30 s“模拟节目信号”，录音带磁通强度为 200 nWb/m，对立体声节目磁带，录音工作磁平(OVU)为 320 nWb/m，要求录有 60 s 左、右声道平衡的“模拟节目信号”，录音带磁通强度为 255 nWb/m。

b. “模拟节目信号”与第一段受评节目之间需要留 5 s 的间歇，节目与节目之间需要留 10 s 的间歇，每盘节目的总计时间不得超过 20 min。

4.5 重放声级

以 4.4a 条中规定的信号为测试信号，调节输出音量，听音声级的大小原则上以评定员感觉适度为准，约 86 dB(A)。测量时声级计传声器的位置应在听音区中央略高于评定人员头部所在平面，使用的声级计应符合 GB 3785 中的要求，测量时使用 A 计权、慢时间常数。所有测量均应是评定员在场的情况下进行。

5 评定小组的组成

5.1 评定员资格

5.1.1 评定员应包括下列人员：

a. 录音导演、录音师、录音工作者。

b. 广播声学工作者。

c. 乐队指挥、演员或播音员。

d. 作者、节目主持人、制作人、编辑。

5.1.2 评定员应进行听力检查，在 125 Hz～8 000 Hz 的频率范围内听阈级应低于 20 dB(见GB 4854)。

评定员两耳听力应基本一致，具有准确判断声像位置的能力。

5.1.3 评定员应有高保真及临场听音的经验。对音乐基础知识有一定的了解，具有一定的音乐理解能力。

5.2 评定小组人数

评定小组的人数为4～10人，推荐人数为7人。评定小组成员的组成细节如表4，评定组的男、女人数在每个年龄组应尽可能做到相等。

表4

		最少人数	推荐人数	最多人数
性别	男	2	3或4	5
	女	2	4或3	5
总　数		4	7	10
年龄	18～40岁	2	4	5
	40～60岁	2	3	5
总　数		4	7	10

评定小组人数再多时，其性别与年龄应保持表中规定人数比例。

6 评定项目

6.1 音质评语

a. 清晰度

b. 丰满度

c. 圆润度

d. 明亮度

e. 柔和度

f. 真实度

g. 平衡度

6.2 总体音质（对被评节目总体音质效果的综合评价）

6.3 立体效果（评定立体声节目时增设本项）

在广播节目主观评价过程中，各评定节目可根据被评节目的具体情况，以及评价的目的而作适当选择。

7 计分方法

采用绝对法评定每一个被评广播节目的技术质量。

7.1 评分等级

广播节目技术质量主观评价采用五级评分制

5分（优）：质量极佳　　十分满意

4分（良）：质量好　　比较满意

3分（中）：质量一般　　尚可接受

2分（差）：质量差　　免强能听

1分（劣）：质量低劣　　无法忍受

7.2 扣分

在节目中存在着较大失真、杂音等明显声缺陷时应扣分。

7.3 数据统计

评定员采用上述评分方法，第6章中规定的评定项目对每个节目进行记分，然后工作人员对其进行统计处理，具体的数据统计方法见附录A。

7.4 主观评价用表

进行听音评价工作，须预先制作好评价用表供主观评价时评定员记分用。本标准推荐“广播节目声音质量主观评价记分表”(见附录B)。

8 评定程序

8.1 系统设备调整

评定过程中要采用同一系统设备，评定前要对系统设备进行调整测试。正常情况下频率均衡应置于平直的位置。

8.2 声级调整

对每盘被评节目磁带评定前都应进行声级调整，使其重放声级基本一致，具体方法见4.5条。

8.3 评定员预备工作

每次评价工作开始前，应使每位评定员熟悉评定程序，了解被评节目、评定项目、计分方法、评价用表，以及各评价用术语的含义。主观评价过程中评定员必须独立思考进行评定，应避免作出任何会影响评定结果的暗示。

8.4 评定员工作时间

为避免因评定员疲劳而影响评价结果的准确性，评定小组不得连续不休息地工作20 min以上，每次中间休息时间应最少等于他们已工作的时间。包括工作和休息时间在内，每次评定不能持续2 h以上。

9 广播节目(磁带)技术指标要求

9.1 广播节目(磁带)应符合GB 5439中的有关规定。

9.2 广播节目(磁带)的录制电平要求

以磁平单声道255 nWb/m，立体声320 nWb/m放音时，音量表指示到0VU刻度为参考。语言节目包括诗朗诵、话剧，以及音乐、戏曲节目等的录制电平，在音量表(VU表)上指针摆动幅度最大的不得超过+3 dB，一般在−3 dB左右。配乐节目以解说为主，音乐效果为辅，解说词与音乐效果的音量比例约为7∶3或6∶4。

9.3 广播节目(磁带)要求声音干净、无异常杂音，本底噪声电平应低于−50 dB。

9.4 立体声节目(磁带)要求左右声道平衡，立体声相位计保持在0.5～0.7之间。

9.5 立体声节目(磁带)要求声像分布连续、构图合理、定位准确、不漂移。

9.6 文艺节目(磁带)要求各声部比例协调，高、中、低音搭配得当，人工音响效果运用适度。

9.7 节目(磁带)要求声音真实、层次分明，圆润、柔和、不尖不燥。

9.8 节目(磁带)放声时，在距扬声器1 m处要求听不见磁感效应(复印效应)。

附 录 A
广播节目声音质量主观评价数据统计方法
（补充件）

A1 评分计算

全体评定员对每个节目的评价结果都按评定项目各自统计出单项总分，然后再分别计算单项平均分，总项平均分和标准偏差。

以下各式中 P_i 为每个评定员所评得的个人分数，n 为评定员总数，m 为音质评语项的项目数。

音质评语项单项平均分的计算：

$$\text{单项平均分 } P_j = \frac{\sum_{i=1}^{n} P_i}{n}$$

标准偏差的计算：

$$\text{标准偏差 } S = \frac{\sqrt{\sum_{i=1}^{n} (P_j - P_i)^2}}{n-1}$$

音质评语项总项平均分的计算：

$$\text{音质评语项总项平均分 } P_{\mathrm{N}} = \frac{\text{音质评语项单项平均分之和}}{\text{音质评语项的项目数}} = \frac{\sum_{j=1}^{m} P_j}{m}$$

立体效果平均分的计算：

$$\text{立体效果平均分 } P_{\mathrm{S}} = \frac{\text{每位评定员评出的立体效果分数之和}}{\text{评定员人数}} = \frac{\sum_{i=1}^{n} P_{Si}}{n}$$

总体音质平均分的计算：

$$\text{总体音质平均分 } P_{\mathrm{T}} = \frac{\text{每位评定员评出的总体音质分数之和}}{\text{评定员人数}} = \frac{\sum_{i=1}^{n} P_{Ti}}{n}$$

其中“音质评语”总项内包括的评价内容有七项，但由于节目内容、评价目的不同，评价的音质评语项数可作适当选择，因此，要根据实际评价项目数求其总项平均分。

A2 计权统计

评价结果的计算采用计权方法，音质评语项、立体效果项、总体音质项的计权百分率分别为50%、

20%、30%。

计权总分的计算方法为：

$$P = P_N \times 50\% + P_S \times 20\% + P_T \times 30\%$$

$$\text{节目实得分数} = \text{计权总分} - \text{应扣分数}$$

A3 应扣分数的统计方法

$$\text{应扣分数} = \text{计权总分} \times \frac{\text{扣分人数} - 2}{\text{评定员人数}} \times 30\%$$

注：评委 6 人或 6 人以下时，上式应改为：

$$\text{应扣分数} = \text{计权总分} \times \frac{\text{扣分人数} - 1}{\text{评定员人数}} \times 30\%$$

A4 主观评价的结果

主观评价的结果应作专门报告，其计算结果可填入“广播节目声音质量主观评价结果报告表”的相应栏目中，见附录 B 表 B2。

附 录 B
主观评价记分表
（参考件）

表 B1 广播节目声音质量主观评价用记分表

听音编号： 日期： 年 月 日上午

听音人姓名： 性别： 下午

职业： 年龄：

节目名称：

评价项目		评价等级					备注
		优	良	中	差	劣	
音质评语项	清晰度						
	丰满度						
	圆润度						
	明亮度						
	柔和度						
	真实度						
	平衡度						
立体效果							
总体音质							
扣 分							

表 B2　广播节目声音质量主观评价结果报告表

1. 被评节目

节目名称：

剧　　种：　　　　　　　　　　制作日期：

制作单位：　　　　　　　　　　制作编号：

2. 听音人员

总人数：

性别：男＿＿＿＿＿人；女＿＿＿＿＿人

年龄：(18～40 岁)＿＿＿＿＿人

(41～60 岁)＿＿＿＿＿人

人员组成：

录音导演　录音师　录音工作者＿＿＿＿＿人

有关广播声学工作者＿＿＿＿＿人

乐队指挥　演员　播音员＿＿＿＿＿人

节目主持人　制作人　编辑＿＿＿＿＿人

3. 听音日期：＿＿＿＿＿年＿＿＿＿＿月＿＿＿＿＿日＿＿＿＿＿时～＿＿＿＿＿年＿＿＿＿＿月＿＿＿＿＿日＿＿＿＿＿时

4. 试听室

地点：　　　　　　　本底噪声：

温度：　　　　湿度：　　　　气压：

5. 听音区声级

6. 评定结果

评价项目		单项总分	单项平均分 (P_j)	标准偏差 (S)	总平均值	计权百分率	计权分数
音质评语项	清晰度					50%	
	丰满度						
	圆润度						
	明亮度						
	柔和度						
	真实度						
	平衡度						
立体效果						20%	
总体音质						30%	
计权总分			应扣分数		实得分数		

附加说明：
本标准由中华人民共和国广播电影电视部提出。
本标准由中华人民共和国广播电影电视部标准化规划研究所负责技术归口。
本标准由广播电影电视部中央人民广播电台负责起草。
本标准的主要起草人阙向前、李敏。

References

参考文献

[1] 冯伟. 影视声音艺术创作基础教程[M]. 北京:中国传媒大学出版社,2015。

[2] 付龙,高昇. 影视声音创作与数字制作技术[M]. 北京:中国广播影视出版社,2006。

[3] 孟伟. 广播原理 :一种融媒体传播的视角[M]. 北京:中国广播影视出版社,2018。

[4] 倪玲. 影视声音传播与创作[M]. 哈尔滨:哈尔滨工程大学出版社,2011。

[5] 王 默,方景锋,王唯媛,等. 动画数字声音创作[M]. 北京:中国青年出版社,2019。

[6] 王志敏,崔辰. 声音与光影的世界影视美[M]. 北京:北京师范大学出版社,2011。

[7] 魏南江. 影视声音造型艺术论[M]. 北京:中国电影出版社,2010。

[8] 张成良. 融媒体传播论[M]. 北京:科学出版社,2019。

[9] 赵前,黄鹏,翟继斌. 动画声音设计[M]. 北京:中国人民大学出版社,2015。

[10] [美]Amber Case,[德]Aaron Day. 声音体验设计(第1版)[M]. 王一行,译. 北京:电子工业出版社,2020。

[11] [美]Robin Beauchamp. 动画声音设计[M]. 徐晶晶,译. 北京:人民邮电出版社,2011。

[12] [美]Tomlinson Holman. 电影电视声音(第3版)[M]. 王珏,彭碧萍,译. 北京:人民邮电出版社,2015。

[13] [美]阿格妮丝卡・罗金丝卡,[美]保罗・格卢索. 沉浸式声音:双耳声和多声道音频的艺术与科学[M]. 冀翔,译. 北京:人民邮电出版社,2021。

[14] [美]大卫・路易斯・耶德尔. 电影声音制作实用技巧(第4版)[M]. 黄英侠,译. 北京:人民邮电出版社,2018。

[15] [美]马克・凯林斯. 超越杜比:数字声音时代的电影[M]. 张晓月,孙畅,译. 北京:人民邮电出版社,2019。

[16] [美]詹姆斯・R.阿尔伯格. 声音表演的艺术:配音艺术与作技巧(第5版)[M]. 唐惠润,成倍,译. 北京:人民邮电出版社,2021。

[17] Francis Rumsey, Tim McCormick. Sound and Recording: Applications and Theory (8th Edition). New York: Routledge, 2021.

[18] Hilary Wyatt, Tim Amyes. Audio Post Production for Television and Film: An introduction to technology and techniques (3rd Edition). New York: Focal Press, 2004.

[19] Jan Roberts-Breslin. Making Media: Foundations of Sound and Image Production (5th Edition). New York: Routledge, 2022.

[20] Jean-Luc Sinclair. Principles of Game Audio and Sound Design (1st Edition). New York: Routledge, 2020.

[21] John Avarese. Post Sound Design: The Art and Craft of Audio Post Production for the Moving Image (1st Edition). London: Bloomsbury, 2017.

[22] John J. Murphy. Production Sound Mixing: The Art and Craft of Sound Recording for the Moving Image. London: Bloomsbury, 2016.

[23] Mark Cross. Audio Post Production: For Film and Television. Boston: Berklee Press, 2013.

[24] Thomas Brett. The Creative Electronic Music Producer (Perspectives on Music Production) (1st Edition). New York: Routledge, 2021.

Index

索　　引